复杂曲管机器人喷涂
理论与技术

（第2版）

F

FUZA QUGUAN JIGIREN PENTU LILUN YU JISHU

陈 雁 王国磊 陈 恳◎著

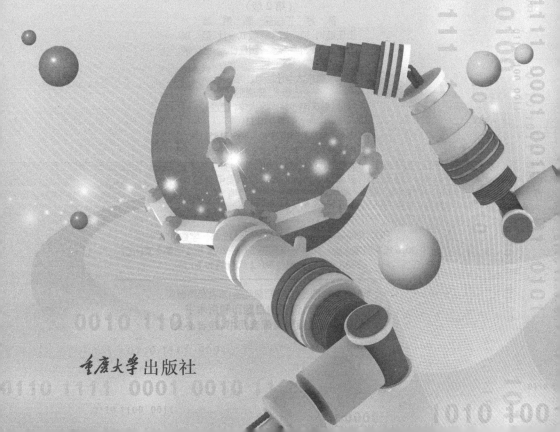

重庆大学出版社

内容提要

本书是作者研究团队在喷涂机器人领域多年研究成果的总结,系统地阐述了复杂空间曲管内表面智能机器人喷涂的基本理论、方法和技术。全书共 8 章,内容包括涂料雾化系统设计、机器人本体设计、机器人控制系统设计、机器人喷涂作业规划、机器人关节轨迹规划、涂层厚度 CFD 仿真及喷涂工艺流程。

本书可供从事喷涂机器人及工业机器人等研究的科研人员、相关专业的研究生或本科高年级学生参考。

图书在版编目(CIP)数据

复杂曲管机器人喷涂理论与技术 / 陈雁,王国磊,陈恳著. -- 2 版. -- 重庆:重庆大学出版社,2024.2
ISBN 978-7-5624-9791-2

Ⅰ.①复… Ⅱ.①陈…②王…③陈… Ⅲ.①喷漆机器人 Ⅳ. ①TP242.3

中国版本图书馆 CIP 数据核字(2022)第 198616 号

复杂曲管机器人喷涂理论与技术
(第 2 版)
陈 雁 王国磊 陈 恳 著
责任编辑:范 琪　 版式设计:范 琪
责任校对:谢 芳　 责任印制:张 策

*

重庆大学出版社出版发行
出版人:陈晓阳
社址:重庆市沙坪坝区大学城西路 21 号
邮编:401331
电话:(023) 88617190　88617185(中小学)
传真:(023) 88617186　88617166
网址:http://www.cqup.com.cn
邮箱:fxk@ cqup.com.cn(营销中心)
全国新华书店经销
重庆愚人科技有限公司印刷

*

开本:720mm×960mm　1/16　印张:12.25　字数:178 千
2016 年 9 月第 1 版　2024 年 2 月第 2 版　2024 年 2 月第 2 次印刷
ISBN 978-7-5624-9791-2　定价:49.80 元

前言
（第 2 版）

机器人自动化喷涂具有效率高、涂层质量好、节约涂料及环保性好等显著优点。经多年发展,喷涂机器人已成为目前最典型的工业机器人之一。但是,应用机器人对复杂曲管的内表面进行喷涂还是鲜有人尝试的"禁区",这是因为受到狭窄作业空间的约束,复杂曲管喷涂对机器人的结构、控制、规划,乃至涂料雾化系统、喷涂工艺都提出了非常特殊的要求。

面对这个难题,作者团队一直坚持在这个领域进行不懈的研究和探索。艰辛与努力、挫折与进展、失败与成功,伴随着我们团队不断成长,也在该领域取得了一些有益的积累、突破和进展,研制出了国内首台超长多冗余度曲管喷涂机器人"THPT-I",并取得了良好的实际应用效果。回顾历史和国内外目前研究现状,深感有必要较完整地针对复杂空间曲管机器人喷涂问题,将我们多年来在该领域的研究思想、理论方法和成果作一系列的总结、归纳和提高,撰写这本学术专著,以益于同行的深入研究,为青年科技人员提供研究与学习参考,并促进喷涂机器人的发展和应用。

本书是作者团队负责承担的国家重大项目、国家自然科学基金、中国博士后科学基金和国家重点实验室自主研究课题等项目研究成果的系统总结(复杂形面空气喷涂成膜机理及规律研究,编号 51475469;复杂内曲面喷涂过程建模与冗余喷涂机器人多维轨迹优化研究,编号 61403226;复杂曲管内壁喷涂机器人作业规划与参数优化技术研究,编号 2011M500305;复杂曲管冗余机器人喷涂运动规划研究,编号 2012M512093;喷涂机器人涂料雾化机理及特性研究,编号 KJD-M201912901)。研究团队的杨向东副教授、李金泉副教授、付铁副教授、刘召博士、张传清博士、邵君奕博士、潘玉龙博士、缪东晶博士、吴聊博士、谢颖博士生、陈明启高工、曹文敦高工、吴丹教授、宋立滨博士、付成龙副教授、徐静副教授、于乾坤博士生、程建辉博士生、刘志博士生、任书楠博士生、陈文卓博士生、陈诗明博士生、何少炜硕士生和张钢硕士生等与作者合作完成了相关研究课题,在此深表谢意!

本书涉及的研究工作得到了清华大学、中航集团、国家自然科学基金委员会、中国博士后科学基金会、重庆市教育委员会和陆军勤务学院的大力支持,在此一并表示衷心感谢!

限于作者水平,书中定有不少不足乃至疏漏,恳请读者和专家批评指正!

著　者

2023 年 12 月

目录

第 **1** 章
绪 论

1.1　复杂曲管机器人喷涂研究背景

所谓复杂曲管,通常是指具有狭长、弯曲等特征的管道,在航空、石油、天然气、化工、建筑等众多行业中都很常见,如图 1.1 所示。典型曲管为狭窄的 S 形变截面管道,其中心线(或近似中心线)为 S 形,截面形状随中心线位置而逐渐改变,喷涂难度最大。

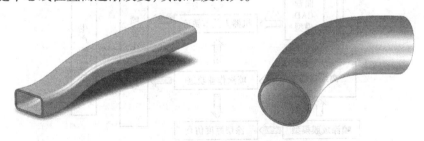

图 1.1　曲管示意图

典型曲管的内壁喷涂作业可由人工进行,但采用手工喷涂上述典型曲管有以下 3 个明显缺点[1]:

1

①喷涂完成后涂层关键技术指标——均匀性差。喷涂过程中无涂料搅拌和循环造成涂料黏度和浓度变化大,尤其是喷涂作业困难,更容易造成喷涂厚度偏差过大,手工喷涂后在未打磨前的部分涂层厚度偏差可超过50%。

②由于工作空间限制,喷涂作业困难,工人只能采用仰卧和俯卧方式勉强喷涂部分区域,这不仅导致工作效率低,作业时间长,而且易造成涂层过厚或过薄,返工打磨和补喷耗时过多,严重影响生产进度。

③涂料含有重金属和有毒有机溶剂等,施工的恶劣环境对喷涂工人健康危害很大,特别是若出现静电等导致的火灾等事故,会对喷涂工人造成严重伤害,甚至危及生命。

采用机器人涂装替代手工喷涂能很好地解决以上问题,虽然喷涂机器人已在汽车、机械、电子、家具、航空等领域大量应用[2-4],但市场现有通用涂装机器人无法满足上述典型曲管的特殊施工要求。因此,必须针对曲管和涂料特点研究机器人智能喷涂理论与技术。

复杂曲管机器人喷涂是以作业要求、曲管 CAD 模型和喷涂成膜模型为基础,设计出喷涂机器人,通过离线规划得到喷涂作业轨迹,经涂层厚度仿真证实和机器人关节轨迹生成后,根据喷涂工艺流程用于机器人生产性喷涂,如图 1.2 所示。

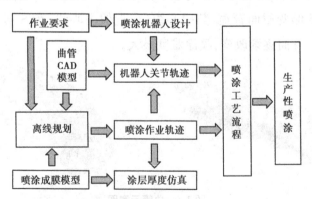

图 1.2　机器人智能喷涂过程

作业要求主要是涂装工艺要求、喷涂作业规划优化准则和机器人工作要求等。喷涂工艺要求包括涂装工艺方法、工艺系统、工艺流程及工艺参数等。复杂曲管喷涂作业规划的优化准则是满足指定涂层平均厚度，求最优涂层厚度均匀性，这是目前研究和应用最多的一类喷涂优化问题。机器人工作要求是指机器人在复杂曲管内喷涂作业时不仅要满足工作空间要求，不能与管壁发生任何碰撞，而且喷涂机构还应与管壁保持一定的安全距离。

设计喷涂机器人是实现复杂曲管智能喷涂的前提和关键环节，必须完全满足设计要求。机器人设计要求包括机器人结构、尺寸、材料、强度、刚度、运动学、动力学、工作空间及作业安全要求等。喷涂机器人设计包括涂料雾化系统设计、机器人本体设计和机器人控制系统设计。

复杂曲管 CAD 建模是自动作业规划流程的重要一步，一般采用计算机辅助几何设计或标准图形接口转换完成造型。造型后的复杂曲管和机器人 CAD 数据存放于作业规划系统 CAD 数据库中，为作业规划提供工件表面和机器人结构的数据信息。

喷涂成膜模型是用于计算涂层厚度和规划喷涂作业轨迹的喷枪喷涂过程的涂料沉积模型。它可分为喷枪喷涂成膜简化模型和计算流体动力学(Computational Fluid Dynamics, CFD)成膜模型两类。喷枪喷涂成膜简化模型是指始终保持喷枪轴线与工件法线重合进行等喷涂距离喷涂时，在涂膜横截面上获得的涂料厚度分布函数。实际使用的喷枪喷涂成膜模型都采用喷涂平面工件时获得的涂膜厚度的拟合函数。CFD 成膜模型是指利用计算流体动力学计算涂层厚度的涂料沉积模型。

喷涂作业规划的目的是得到喷涂作业时的喷枪的位置、姿态和速度，也涉及初始路径选择、搭接间距优化和速率优化等。喷涂作业规划采用离线规划完成，即利用计算机图形学等理论和软件，建立喷涂机器人及工件模型，再利用设计的规划算法在离线条件下完成喷涂作业轨迹规划，这是一种安全且高效的方法。

涂层厚度仿真是指利用得到的喷涂作业轨迹，计算出工件上的涂层厚度，并以此判断喷涂作业轨迹是否满足涂层厚度要求。若不满足要求，则需重新规划喷涂作业轨迹。涂层厚度仿真通常采用经验模型法,即利用喷枪喷涂成膜简化模型完成。

机器人关节轨迹生成是指利用得到的喷涂作业轨迹,在满足不出现奇异位形、速度不超限、加速度不超限和安全要求等条件下,通过运动学逆解求得机器人各关节轨迹。其中,安全要求是机器人关节轨迹生成必须解决的一个重点问题。

喷涂工艺流程包括喷涂工艺过程、步骤和参数,必须结合涂料喷涂实验和喷涂作业轨迹规划确定。其中,喷涂工艺参数优化是提高涂层质量的重要途径。喷涂工艺流程是保证涂层质量的必备条件。复杂曲管喷涂机器人用于生产性喷涂前,必须进行复杂曲管喷涂试验,以检验喷涂工艺流程的有效性和适用性。

1.2　复杂曲管机器人喷涂研究现状

机器人喷涂可以追溯到 20 世纪 80 年代,Klein[5]首先将离线编程的思想用于喷涂作业规划。1991 年,徐锡焕等[6]首先开发了一套基于 SUN4/330 工作站的喷漆机器人离线编程系统,功能包括交互式的非静电喷涂工件建模、最优喷涂参数求解和喷涂仿真。随后,研究者研究了喷枪轨迹的优化问题[7-9]和喷枪喷涂模型问题[6-7, 10-15]。近年来,卡耐基梅隆大学[15-16]、密歇根州立大学[17-20]和 ABB 公司[21]研究了自动作业规划。我国清华大学[22-24]、广西大学[25]、江苏大学[26]、兰州理工大学[27]、北京航空航天大学[28]、华中科技大学[29]、西安理工大学[30]、上海交通大学[31]、石家庄铁道大学[32]、陆军勤务学院[33-37]都在利用喷枪喷涂简化成膜模型进行研究。目前,机器人喷涂不仅在汽车、机械等工业领域广泛应用,也在航空及飞机涂装上大量应用[38-39],但机器人喷涂仍存在成膜机理与特性、涂层厚度仿真和复杂曲面喷涂作业轨迹规划等难题[2-3, 40-41]。

喷枪喷涂简化成膜模型最先用于涂料成膜建模、喷涂作业规划及涂层厚度仿真研究。这种模型的优点是大大简化问题,但由于没有从成膜本质机理上进行深入研究,很难获得对复杂形面都适用的模型。根据函数的自变量数目,喷枪喷涂简化成膜模型可分为一维模型和二维模型。一维模型通常是在喷涂平面时获得的模型,即单喷涂行程上涂层横截面厚度分布只与到喷锥底心的距离有关,如柯西分布模型[7]、高斯分布模型[10-11]、抛物线模型[12]、β 分布模型[13-14]、组合模型[42]、椭圆双 β 分布模型[43]等。Conner 等[15]建立了二维模型,提出模型的涂层厚度分布是到喷锥底心的距离和该点的法线角度两个变量的函数。此外,王国磊等[44]提出利用 BP 神经网络方法建立不变参数下的涂层厚度分布建模。陈雁等[1,45-48]基于喷枪喷涂一维模型提出交错喷涂法解决喷涂厚涂层的路径规划难题,利用涂料涂着效率比解决喷扫速率规划问题。

　　喷枪喷涂一维模型形式简单,便于简化问题,用于平面或大曲率半径的形面和恒参数(喷涂距离、角度、涂料流量等)喷涂可取得较好预测效果。同一维模型相比,二维模型简单考虑了对涂膜厚度分布影响的形面因素,但也不能较好反映形面因素对涂膜厚度分布的影响。工件形面不仅是多种多样,而且极其复杂。这使得喷枪喷涂的涂料分布特性更加复杂,甚至部分复杂工件不能采用常规方法喷涂。喷枪的喷雾图形有圆形、椭圆形和橄榄形 3 种,喷涂参数的变化将导致喷雾图形及成膜特性的变化。喷枪喷涂成膜模型的准确性决定了涂料成膜计算的偏差大小及作业规划的成败,而应用于复杂形面喷涂和变参数喷涂是喷枪喷涂简化成膜模型无法突破的瓶颈。正因如此,美国采用高精度机器人喷涂战机外表面时,也仅 75%~85%[49]的涂层厚度是在检验指标范围内。

　　自动作业规划是以喷枪喷涂模型、工件表面 CAD 模型、约束条件和优化准则为基础,利用按照一定算法设计的规划器可自动完成喷枪轨迹的生成与优化工作,可提高喷涂机器人的智能化水平。在自动作业规划上,盛伟华等[17-21]提出了用约束盒法(bounding box method)和改进的约束盒法规划自由表面作业。其包括喷涂片区生成和喷涂片区内喷涂作业规划两个步骤。这种方法是实现作业轨迹规划的自动化及智能化研究方面的重要进展,但最大不足是没有考虑复杂形面对喷涂流场及涂料成膜的极大影响,用于复杂形面工件的作业规划尚有不足。

随着计算机技术和 CFD 的发展和应用,尤其是软件 FLUENT 等的应用和推广,涂料成膜建模及涂层厚度仿真研究开始探讨采用 CFD 结合实验的方法。对静态空气喷涂(喷枪不运动)的涂料成膜建模的研究学者主要有意大利的 Garbero 等[50],德国的 Ye 等[51]和 Fogliati 等[52],浙江大学的刘国雄等[53]。对动态喷涂(喷枪运动)的涂料成膜建模的研究学者主要有德国的 Ye 等[54]和 Domnick 等[55],加拿大的 Toljic 等[56-68]。

首先研究者对静态空气喷涂进行 CFD 研究。研究将空气喷涂过程按时间先后分为雾化过程、喷雾过程和碰撞黏附过程。雾化过程是利用空气冲击使涂料变成细小微粒,喷雾过程可视为空气和涂料微粒两相流的运动过程,碰撞黏附过程是涂料微粒碰撞工件表面和湿膜表面形成最终涂料膜。目前喷雾过程都采用欧拉-拉格朗日模型建模,气相被处理为连续相,直接求解时均纳维-斯托克斯方程,而离散相数据是通过计算流场中大量的涂料微粒的运动得到的统计结果,可以详细地对单独的颗粒运动进行跟踪和计算。文献[53]采用适宜于欧拉-拉格朗日模型的碰撞黏附过程的壁面液膜模型。欧拉-拉格朗日模型采用 RNG k-ε 模型(renomalization group k-ε)的计算结果与速度衰减较为吻合,采用可实现性 k-ε 模型(realizable k-ε)计算结果与喷雾形状较为吻合[52]。虽然模型计算得到的涂膜厚度结果和实验的分布形状大体相似,但在部分区域厚度相差较大[51]。

随后研究者对动态静电喷涂进行了研究,动态喷涂涂膜厚度计算的关键是 CFD 的运动边界问题。研究采用两种方法:一种是采用欧拉-拉格朗日模型结合多个静态喷涂叠加的方法研究动态喷涂问题,但这种方法只适合于轴对称几何形面[56];另一种方法是采用欧拉-拉格朗日模型结合动网格法。动网格法是通过定义初始网格、边界运动的方式并指定参与运动的区域,以实现计算中网格的动态变化,用来解决流场形状由于边界运动随时间改变的问题。动网格法可以用 3 种模型进行计算,包括弹性光顺模型、铺层模型和局部重构模型[59]。其中,局部重构模型更适合于喷涂作业工况。Ye 等[55]采用动网格局部重构模型计算静电喷枪完成一条直线动态喷涂,喷枪以 5 cm/s 运动 1.5 m,在一台 PC 机上计算耗时 144 h。从计算时间的角度考虑,需要 N 个时间步长的动态喷涂成膜计算大致可看作 N 个静态喷涂的累积,所以动态喷涂成膜计算所耗费的时间大约为静态喷涂的 N 倍[57]。因此,要使动态喷涂成膜计算时间大大缩短,关键是缩短静态喷涂成膜计算时间。

曲管喷涂机器人属于内管道机器人。Roh 等[60]和王哲龙等[61]根据运动方式不同,将内管道机器人分成 7 种基本类型,包括清管器型[62]、轮型[63]、履带型[64]、尺蠖型[65]、行走型[66]、螺旋型[67]和压壁型[68-69]。目前,曲管喷涂机器人采用了压壁型管道机器人[68-69]和非接触型管道机器人[70-72]两种结构形式。

压壁型曲管喷涂机器人为了保持与管壁的压力,设计有柔性机构,可以用于各种场合。它可用于变截面管道,但必须要有一种方法能够使机器人实时改变位形,以确保对管壁有足够压力来支撑在管壁上。支撑装置也必须有足够推力的驱动轮以保证机器人移动和保持稳定,这样机器人才能完成作业任务。压壁型曲管喷涂机器人的不足是喷涂一道后需等涂层干燥后才能实施下一道喷涂,效率低,还可能在移动基座时压坏上一道涂层。

美国得克萨斯大学的刘凯等[65]研究了基于斯图尔特平台的机器人喷涂系统(SPPS)自动喷涂曲管内壁。SPPS 针对的曲管是一个组合件,入口的横截面为平行四边形,逐渐过渡到圆形截面。SPPS 包括 3 个独立的组成部分:移动基座、斯图尔特平台和末端喷涂装置。移动基座用于安装 6 自由度斯图尔特并联机构平台,并驱动自身从曲管的一端运动到另一端。末端 2 自由度喷涂装置安装在斯图尔特平台上。移动基座、斯图尔特平台和末端喷涂装置相互独立地设计和控制。如图 1.3 所示为 SPPS 在曲管内的喷涂过程,SPPS 从右往左运动。SPPS 是典型的压壁型曲管喷涂机器人。

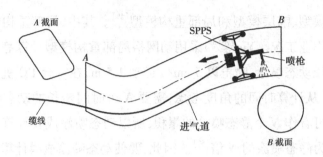

图 1.3 SPPS 喷涂过程

非接触型曲管喷涂机器人是模仿人手臂伸入曲管内手持喷枪喷涂,利用一条机械臂伸入曲管喷涂管道内壁。非接触型管道机器人的优点是可连续多道喷涂,作业效率高,不接触涂层而避免了可能的涂层损伤,但喷涂臂不仅需要具有较高的刚度,而且还要能灵活避障。

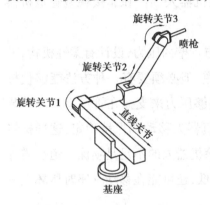

图 1.4 4 自由度喷涂机器人

天津大学[70]研究喷涂的曲管长度为 6.3 m,内壁截面从 0.9 m 长和 0.7 m 宽的长方形过渡到直径为 0.94 m 的圆,并且各截面中心不在同一条直线上。其设计的一台 4 自由度机器人示意图如图 1.4 所示。它的 1 个移动自由度主要是用来满足其纵向伸缩需求,3 个转动自由度主要是用来满足其任一截面的位姿需求,移动

和转动自由度相互解偶。控制系统采用基于可编程运动控制卡的开放式实时数控系统。该曲管喷涂机器人可以喷涂较短的轻微弯曲管道。

洛克希德·马丁公司[49, 73]采用多种机器人喷涂曲管,其中采用了安装在 1 条轨道上的 6 自由度 M-710 机器人(见图 1.5)喷涂曲管。该曲管长为 2.74 m,高为 0.51 m。该曲管喷涂机器人系统为 7 个自由度,工作空间较小,适合喷涂较短的曲管。

北京机械工业自动化研究所[74]研制了由移动装置、调整平台和喷涂机等组成的管道喷涂机器人,如图 1.6 所示。3 自由度喷涂机由实现前后

运动的悬臂和 2 自由度手腕组成,手腕可实现喷枪绕管道中心线的连续回转和垂直管道中心线的径向运动。该喷涂机器人可以喷涂较长的轻微弯曲管道。

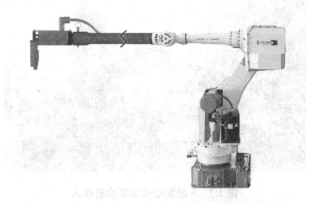

图 1.5　安装在轨道上的曲管喷涂机器人

图 1.6　大型喷涂机器人

　　清华大学[71-72]研制的复杂曲管喷涂机器人本体由定位机构和喷涂臂组成,如图 1.7 所示。定位机构包括移动机座、位置机构和姿态机构 3 部分。移动机座实现机器人粗定位,即将复杂曲管坐标系与机器人坐标系的相对位姿关系确定在一个合理的范围内。它装有车轮,设置有气囊移动系统和螺旋机构支腿。位置机构和姿态机构用于完成喷涂臂与复杂曲管之间的精定位,由 3 自由度直角坐标机构和 1 个转动关节串联组成。喷涂机构为由 3 个移动关节和 7 个转动关节组成的 10 自由度串联机构,其冗余特性确保实现喷枪穿越狭窄 S 形复杂曲管空间和无碰撞喷涂。该复杂曲管喷涂机器人的主要特点是作业定位方便,灵活度高,喷涂涂层均匀性好。

图 1.7　S 形复杂曲管喷涂机器人

冗余机器人的雅可比矩阵为长矩阵,不存在逆矩阵,为此很多研究者提出了求解冗余机器人逆运动学的方法,如伪逆法[74-78]、投影梯度法[79]、扩展雅可比矩阵[80-81]、二次规划法[82-83]、全局优化[84-85]等。在冗余机器人避障轨迹规划研究方面,有的研究者[86-87]采用人工势力场法,将障碍物视作斥力源,而将目标点作为引力源,机器人在规划过程中受到虚拟的势场力作用,从而达到躲避障碍物的目的。然而,人工势力场法的最大问题是机器人可能会陷入局部最小点,虽然有研究者[88]进行了相关研究以便机器人从局部的极值点逃逸,但是人工势场法在实际应用中的计算还是比较烦琐。另有研究者[89]的方法是,使机器人向先前设定好的避障位形移动,实现避开障碍物,而机器人在复杂曲管中进行作业,很难找到一个固定的避障位形。还有一类方法是,通过在机器人与障碍物上标志碰撞危险点,或者通过多面体求距离[90-91]求解碰撞点,要求机器人在运动过程中,各对应标志点之间满足某种避障准则以实现机器人避开障碍物[92-99]。此类方法对于在狭长复杂曲管内作业的机器人来说,因为机器人与曲道内壁的碰撞危险点很多,且随机器人的位形不同发生变化,那么,每一次要先寻找危险点,然后再进行避障规划,这在实际应用中显然没有可行性。神经网络法[100]的工作原理决定了"答案"可能不绝对正确,求解复杂曲管避障问题必须得到正确答案,只能依靠精心设计的算法。

陈恳等[101-102]提出利用控制关键点的方法完成复杂曲管避障轨迹规划,充分利用了梯度投影法的极强优化作用;通过分析冗余度机器人带有弹性变形影响的动力学方程,提出一种利用冗余自由度对机器人关节空间轨迹进行优化的新方法——将工作空间约束和振动抑制一并考虑,实现了机器人在作业过程中的振动抑制,并且满足复杂三维工作空间约束。

1.3 复杂曲管机器人喷涂存在的问题

目前,复杂曲管机器人喷涂理论与技术研究还存在一些难点问题,包括超长机械臂冗余机器人的精度不高,以及高速运行时振幅较大和在复杂形面上喷涂作业轨迹规划困难等。复杂曲管机器人喷涂理论与技术在以下 4 个方面将是重点研究方向。

(1)喷涂涂层厚度 CFD 仿真研究

喷涂作业规划和涂层厚度仿真是影响涂层均匀性的关键环节。目前,主要存在的问题是,喷枪喷涂简化成膜模型无法应用于复杂形面和变参数喷涂作业规划,同时在作业规划时缺少深入的复杂形面成膜理论和多参数变化成膜理论的支持。采用经验模型进行涂层厚度仿真不能发现问题,采用基于喷涂成膜机理的 CFD 仿真后修正喷涂作业轨迹即可解决这一问题。随着计算流体动力学理论的发展,可用于两相流的另一种重要模型——欧拉-欧拉模型[103]已迅速发展并应用。它是在流体-颗粒两相流的建模中把颗粒作为拟流体,认为颗粒与流体是共同存在且相互渗透的连续介质,是两相都在欧拉坐标系下处理的计算模型。欧拉-欧拉模型可完整地考虑颗粒相的各种湍流输运过程,计算结果可给出颗粒相空间分布的详细信息,能够满意地给出颗粒对气体的影响,也能较好地描述颗粒在气流中的湍流混合过程。其颗粒相的求解方法同气体相一样,可用统一的数值方法,计算量比欧拉-拉格朗日模型小。采用欧拉-拉格朗日模型结合欧拉-欧拉模型研究涂层厚度仿真,不仅可从单个粒子角度研究,也能从流场角度研究,将是未来的喷涂涂层厚度仿真发展方向。

(2)动态变参数空气喷涂研究

一些复杂曲管需要喷涂的区域存在变化剧烈的特殊形面(如小夹角等),且在这些狭窄空间内喷枪运动会受到空间和机器人性能的限制,因此,不宜采用不变的喷涂距离和喷枪涂料流量喷涂这些区域,否则将导致涂层均匀性差,甚至不能满足设计涂层技术指标要求。这些特殊区域的空气喷涂应采用动态变参数喷涂,即动态调整喷涂距离和喷枪涂料流量等喷涂参数。动态变参数空气喷涂可以满足特殊区域的喷涂要求,不仅提高了喷涂质量,还可节约涂料,提高喷涂时间效率。动态变参数空气喷涂研究的内容涉及动态变参数空气喷涂系统、流场与涂层形成机理及规律和涂层控制等研究。

(3)超长机械臂冗余机器人的振动抑制研究

喷涂作业要求喷涂工艺参数在整个作业过程中保持稳定,即保持喷枪位姿和速率的稳定,以实现机器人末端能实现理想的规划轨迹运动,然而复杂曲管内狭长空间的特种喷涂作业需求,使得喷涂机器人的结构特点表现为超长的悬臂结构,尤其在喷涂机器人伸入曲管前端时机械臂最长,此时机器人的整体刚度最差,并造成喷涂机器人在控制过程中出现末端喷枪较大振幅的振动。喷枪较大振幅的振动对涂层表面光滑性、厚度和均匀性等有很大影响,必然导致喷涂时降低喷枪运动速度,作业效率降低。机器人的连杆、关节的弹性变形是喷枪振动的重要原因,不可简单忽略。全面分析振动原因,找出并控制主要影响因素来抑制振动是一个可行的研究方向。

(4)超长机械臂冗余机器人的控制理论与技术研究

目前,复杂曲管喷涂机器人控制系统是采用经典的 PID 控制,这种方法对于高刚度和短机械臂机器人的控制是很有效的,通常控制精度较高。但冗余机器人的传动链增长,关节数量明显增多,接触刚度必然大大降低;同时,超长机械臂使结构刚度大大降低,这必然导致机器人精度大大降低。因此,必须结合机器人接触刚度和结构刚度的特点来研究超长机械臂冗余机器人的控制理论与技术。

1.4　本书内容安排

本书结合典型曲管阐述机器人喷涂理论与技术,全书共 8 章。接下来的第 2 章,阐述典型曲管涂装工艺方法和涂料雾化系统设计。第 3 章分析机器人工作要求,提出喷涂机构构型,完成了喷涂机构尺度综合和三维建模。第 4 章提出了喷涂机器人操控模式与操作流程,完成了机器人分布式控制系统设计。第 5 章先分析了涂层均匀性的基本影响因素,提出提高涂层均匀性的基本方法,接着阐述了喷涂作业的喷扫路径规划和喷扫速率规划。第 6 章提出了曲管的定位标定方法,阐述了在狭窄空间中冗余机器人的关节轨迹规划。第 7 章介绍了涂层厚度仿真的欧拉-拉格朗日法和欧拉-欧拉法。第 8 章结合涂料喷涂实验和喷涂作业轨迹规划,提出了喷涂工艺流程。

第 **2** 章
涂料雾化系统设计

　　典型曲管是狭长变截面复杂曲面结构,要求涂装机器人必须灵活,满足结构尺寸约束要求,能够在狭小空间内无碰撞均匀喷涂厚涂层。复杂曲管机器人喷涂系统包括涂料雾化系统、机器人本体和机器人控制系统3部分。涂料雾化系统用于将涂料通过喷枪雾化后涂敷到复杂曲管内壁。机器人本体用于实现喷枪的预设轨迹运动。机器人控制系统用于控制涂料雾化系统和机器人本体,以及保证机器人喷涂系统的作业安全。典型曲管机器人喷涂系统研制首先必须根据作业约束条件和要求,提出适于典型曲管特殊环境和涂料的涂装工艺方法,并设计出适宜这种工艺方法的涂料雾化系统,这是保证涂层质量的前提和基础。

2.1　涂装工艺方法

　　涂料、涂装工艺(包括涂装工艺方法、工艺系统、工艺流程和工艺参数)和涂装管理是影响涂装质量的三要素,三者是互为依存的关系,忽视任一方面都无法达到良好的涂装效果。采用劣质涂料当然不会得到优质

14

的涂层,但选用了优质涂料并精心操作和管理而没有先进的涂装工艺,也达不到良好的涂装效果。

典型曲管涂装工艺方法是指将涂料均匀地涂装在曲管内表面上的工艺方法,是涂装工艺研究的主要内容之一。它恰当与否直接影响涂层质量、涂装效率和涂装成本。涂装工艺方法必须满足涂料涂装性能要求、涂层质量要求、工作环境约束要求、涂装工艺规划要求、涂装效率要求、涂装成本要求和涂装系统设计要求等,因此应慎重选择。

对于现代工业产品来说,涂层除了起防护作用以外还兼有某些特殊的功能,以满足产品设计的特殊需要,如绝缘、导电、防静电、防锈、耐高温、防腐蚀、耐核辐射等。因此,涂层通常由底漆、中间涂层和面漆组成。底漆和面漆通常为普通溶剂型涂料,这些涂料都有成熟的涂装工艺。中间涂层为功能涂料(功能涂料是各种特殊用途涂料的总称),这些功能性涂料若为多组分的,则必须在组分混合后有限时段内完成喷涂作业。

目前涂装工艺方法较多,适用于溶剂涂料的自动化涂装工艺方法主要有空气喷涂、无气喷涂、混气喷涂、静电喷涂、淋涂、辊涂、浸涂及电泳涂装等。它们与涂料的相互适应关系见表 2.1[104]。管道涂装可采用喷涂系统、浸涂系统和淋涂系统实现,但典型曲管涂装通常采用喷涂系统。喷涂系统采用各种类型喷枪,包括最常用的 HVLP 喷枪、静电喷枪、传统空气喷枪、混气喷枪及无气喷枪。

表 2.1 涂装工艺方法与涂料的相互适应关系

涂料	涂装工艺方法						
	空气喷涂	无/混气喷涂	静电喷涂	淋涂	辊涂	浸涂	电泳涂装
环氧树脂涂料	√	√	√	×	×	×	×
聚氨酯涂料	√	×	×	×	×	×	×

注:√表示最适合;×表示不能使用或效果不佳。

典型曲管涂料通常不适于静电喷涂和电泳涂装,但典型曲管涂装可能选用的涂装技术有空气喷涂、无气喷涂和混气喷涂。无气喷涂的最大特点是一次成膜厚度大;空气喷涂的最大特点是雾化效果佳,可得到平整光滑、均匀美观的漆膜;混气喷涂则结合了前两者的优点。由于复杂曲管空间的限制,目前工业上典型曲管涂装都采用空气喷涂技术。

最早发明的传统空气喷涂[105]是依靠 0.4 MPa 左右的压缩空气气流使涂料雾化成雾状,在气流带动下黏附到被涂物表面,形成一层致密涂层。最常见的喷嘴有实锥型、空锥型和平流型。喷枪雾化涂料的方式可分为外混合式和内混合式两大类。目前,使用最广泛的是外混合式。外混合式雾化是涂料与空气在空气帽和涂料喷嘴的外侧混合,适宜雾化流动性能良好、容易雾化和黏度不高的各种涂料。从底漆到高装饰性面漆,包括金属闪光漆和桔纹漆等美术漆,都采用这种雾化方式。内混合式雾化是涂料与空气在空气帽和涂料喷嘴的内侧混合,然后从空气帽中心孔喷出扩散和雾化,适宜雾化黏度较高的厚膜型涂料,也适宜黏结剂、密封剂和彩色水泥涂料。喷枪的涂料供给方式有吸上式、重力式和压送式。吸上式和重力式喷枪适用于手工喷涂作业;压送式喷枪适用于涂料用量多且需连续喷涂的情况。

传统空气喷涂对绝大多数涂料和被涂物都能适应,目前仍然是一种广泛应用的涂装工艺方法。传统空气喷涂的雾化效果较好,漆雾粒子直径约为 80 μm,喷涂后可以得到均匀美观的漆膜,非常适宜于装饰性喷涂。

传统空气喷涂存在两个严重的问题:一是单遍喷涂涂膜厚度薄,涂装效率不高。一般传统空气喷涂单遍涂装的涂膜厚度最多在 30 μm 左右,需多遍喷涂才能达到较大厚度。二是涂料利用率低,环境污染大。传统空气喷涂的雾化气压为 0.4 MPa 左右,最大空气流量为 500 L/min 左右,在高雾化气压下气流的反弹作用导致漆雾在工件表面的涂着效率很低,涂料利用率只有 15% ~ 40%[106],飘散的漆雾对环境造成严重污染,对操作工人的健康也造成危害。

针对传统空气喷涂的弊端,接着发明的无气喷涂[107]是利用高压泵,对涂料施加几兆帕至 20 多兆帕的高压,以约 100 m/s 从喷嘴中高速喷出,与空气发生激烈冲击,雾化并射在工件表面上形成一层致密涂层的方法。

　　无气喷涂的涂装效率显著提高,涂料利用率高,环境污染少。高压无气喷涂涂料喷出流量大,涂料粒子喷射速度快,涂装效率比传统空气喷涂高 3 倍以上。无气喷涂没有空气喷涂时的气流扩散作用,漆雾飞散少,新手喷涂的涂料利用率也可达 60%[108]。喷涂高固体分涂料使稀释剂用量减少,溶剂的散发量也减少,使作业环境得到改善。无气喷涂的单遍涂膜厚度可高达 100~300 μm,涂膜与工件表面的附着力强。

　　虽然无气喷涂被广泛应用,但也有明显不足。一是涂膜厚度均匀性较差。无气喷涂单遍喷涂涂膜厚度差超过 30 μm,涂膜外观质量比空气喷涂差,不适宜装饰性薄涂层喷涂施工。二是喷涂距离较大,通常为 0.30~0.50 m,不适合于小空间作业环境。三是对作业安全性要求高,无气喷涂涂料喷出速度高达 100 m/s 左右,涂料射流可以穿破皮肤,可能对眼睛、耳朵等构成伤害,涂料从喷枪高速喷出时会产生静电并聚集在喷枪或被涂工件上,因此,必须确保设备和工件可靠接地。四是喷雾图幅不能调节,除非更换喷嘴。五是设备价格较贵,由于采用高压,对设备结构强度和安全性要求也更高,因此价格较贵。

　　随后发明的混气喷涂[105]是一种结合空气喷涂和无气喷涂两种技术而成的喷涂方式,既吸收了空气喷涂涂料雾化好、涂膜质量高的优点,又保留了高压无气喷涂出漆速度快、出漆量大和效率高的优点,也保证了涂料利用率。混气喷涂的喷枪设有空气帽,上面有雾化空气孔,调节图形空气孔。混气喷涂施加到涂料上的压力仅 4~6 MPa,远比一般无气喷涂 10 MPa 以上的喷涂压力低得多。无气喷涂的漆雾粒径约为 120 μm,而混气喷涂的漆雾粒径仅为 70 μm,漆雾更细,涂膜外观装饰性更好。

　　面对日益提高的环保要求,发明的高流量低气压喷涂[109](High Volume Low Pressure,HVLP)是把空气雾化压力降低到 0.07 MPa 以下,以减少涂料反弹或过喷,同时增大空气流量以补偿雾化所需的能量损失的空气雾化喷涂技术。HVLP 雾化喷涂设备与传统空气喷涂设备并无大的差别,只是增加了一个减压增量控制器,并改造了空气帽和涂料喷嘴,把原来高气压、小容积的压缩空气,转变成低气压、大容积的状态。由于喷枪的空气帽喷口处雾化压力降低,因此空气射流速度减小,使得雾化涂料的运行速度也随着减小,从而减少涂料从被涂工件表面反溅的数量,提高了涂料利用率[110]。HVLP 减少了涂料飞溅和环境污染,提高了产品质量。HVLP 被称为"精细喷涂",对各种工件都可喷涂处理,即使是发动机钢圈和散热器等形状复杂工件的死角部位也很容易涂上漆膜。HVLP 喷涂可以获得高光泽的薄涂层,不仅特别适合闪光漆和氟涂料等薄涂层施工,而且可用于乳胶漆喷涂[111]。HVLP 问世后便迅速被全球大多数的涂装厂商所使用。

尽管 HVLP 能将油漆利用率提升至 65%,但 HVLP 无法雾化高黏度油漆和高固体分涂料,并且投资成本增加。HVLP 是借助于高空气流量和低空气压力的共同作用使涂料雾化,但只有利用较高雾化气压才能使高黏度涂料和高固体分涂料良好雾化。HVLP 耗气量大,传统空气喷涂的耗气量为 $0.23 \sim 0.5$ m³/min,而 HVLP 喷涂的耗气量为 $0.42 \sim 1.4$ m³/min,因此需要更大空气压缩机和输气管道,从而增加了投资。

鉴于 HVLP 的缺陷,20 世纪末发明的低流量低气压喷涂[112](Low Volume Low Pressure,LVLP)的雾化压力约为 0.09 MPa,空气消耗量只有 $0.34 \sim 0.48$ m³/min,涂料利用率可达 65%。但 LVLP 却没有在短时间内取代传统空气喷涂和 HVLP,关键在于 LVLP 是以低压低空气量为雾化原理,施工速度比传统空气喷涂慢得多,增加了生产成本,且无法良好雾化较高黏度涂料和中固体分涂料[113]。

目前,最新的低流量中气压空气喷涂[112](Low Volume Medium Pressure, LVMP)通过改进空气帽和枪体结构设计,使喷涂时速度及雾化效果均优于 HVLP 和 LVLP,适合喷涂较高黏度涂料和高固体分涂料。LVMP 雾化压力为 0.2 MPa 左右,空气消耗量只需 $0.25 \sim 0.34$ m³/min,可大大降低能源消耗,涂料利用率可高达 72%,高于 HVLP 和 LVLP。LVMP 成为 21 世纪初涂装工业最具代表性的一项发明。

喷涂作业规划的基本准则[114]是:喷涂平面等规则形面时,喷枪置于喷涂工件表面法线方向上,喷涂距离为常值,喷扫速率为常值。喷涂距离是喷枪和喷涂形面之间的距离,主要取决于喷枪和涂料性能,通过喷枪喷涂实验确定。喷扫速率是指喷雾图形中心点在工件表面扫过的速率,也是喷锥上喷枪轴线与工件形面的相交点的速率。喷扫路径是指工件形面上喷雾图形中心点形成的一条条直线或曲线。喷枪轨迹是指喷枪上某设定点的轨迹,常采用喷枪轴线与喷枪转动轴线(连杆轴线)的相交点轨迹(见图 2.1),在涂层厚度 CFD 数值模拟中则采用喷嘴的出料处轨迹。

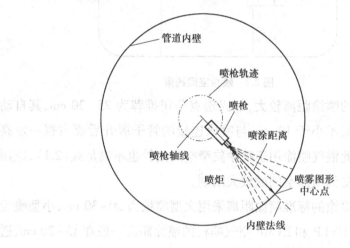

图 2.1　喷枪轨迹

在复杂曲管内涂装,涂装工艺方法必须满足下面的涂装空间约束要求(见图 2.2),即

$$L_d - L_a - L_g \geqslant L_s \tag{2.1}$$

式中　L_a——喷涂距离;

　　　L_g——喷枪长度;

　　　L_s——确保喷枪及附件在喷涂时不与管道内壁发生碰撞的安全距离,一般应不小于 3 cm;

　　　L_d——管道横截面最小内高。

无气喷涂的喷涂距离大,通常为 30~50 cm,其自动喷枪的长度一般不小于 10 cm,与喷枪连接的管子展开后要占据一定高度的空间。若复

19

杂曲管的截面最小高度尺寸较小,如某曲管最小高度尺寸为 31 cm,则无气喷涂无法在所有喷涂区域满足式(2.1)。可见,无气喷涂应用于狭窄曲管会受到喷涂空间的很大限制。

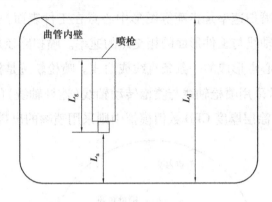

图 2.2　喷涂空间约束

　　混气喷枪的喷涂距离较大,如固瑞克公司推荐为 25～30 cm,其自动喷枪的长度一般不小于 10 cm,与喷枪连接的管子展开后要占据一定高度的空间。因此混气喷涂用于喷涂狭窄空间曲管也不满足式(2.1),应用于狭窄曲管会受到喷涂空间的较大限制。

　　传统空气喷涂的标准喷涂距离采用大型喷枪为 20～30 cm,小型喷枪为 15～25 cm。HVLP 和 LVMP 空气喷枪的喷涂距离一般在 15～20 cm,通过降低喷涂气压还可适当减小喷涂距离。其紧凑型自动空气喷枪的长度可小于 10 cm,如特威公司喷枪的长度只有 9.2 cm。空气喷涂用于涂装较小空间内壁是最可能满足式(2.1),应用于狭窄曲管受到喷涂空间的限制最小。

　　空气喷涂与无气喷涂和混气喷涂相比较,对机器人结构设计的要求较低。无气喷涂和混气喷涂的高压涂料管在输送涂料时通常采用 4～25 MPa 压力,此时涂料管扭曲困难(喷涂过程中高压软管的最小弯曲半径通常不得小于 25 cm),不利于喷枪旋转,机器人结构设计难度大。自动空气喷涂在输送涂料时涂料管内的压力一般在 0.7 MPa 以下,涂料管易于扭曲,利于喷枪旋转,因此机器人结构设计难度小。空气喷涂不仅能喷涂高固体分涂料,也适宜喷涂底漆和面漆,可实现一套涂料雾化系统完成 3 种涂层的喷涂。

传统空气喷涂能良好地雾化高固体分涂料,但涂料涂着效率低,只有 15% ~ 40%。LVLP 喷涂雾化高固体分涂料不很理想。LVMP 喷涂不仅能良好地雾化高固体分涂料,而且涂料涂着效率高,通常不低于 65%。喷嘴直径为 1.1 mm 的特威公司 LVMP 喷枪,在黏度为 12 ~ 20 s(涂-4 杯),喷涂距离为 15 ~ 19 cm,涂料能良好雾化,喷涂质量好。

2.2　涂料雾化系统设计

典型曲管涂料雾化系统应保证涂料均匀、压力稳定、雾化良好、便于清洗和工作可靠,以及便于喷涂机构设计与工作。常用的压送式涂料雾化系统有气压罐涂料雾化系统和涂料泵雾化系统。

2.2.1　气压罐涂料雾化系统

气压罐涂料雾化系统原理如图 2.3 所示。气压罐涂料雾化系统由涂料系统和气压系统组成。涂料系统用于向喷枪压送涂料;气压系统用于驱动和控制涂料系统,并向喷枪提供雾化涂料的压缩空气。

涂料系统组成包括涂料桶、过滤器、喷枪及涂料管等。涂料桶中的涂料经压缩空气加压过滤后送到喷枪雾化喷涂。搅拌器的作用是在喷涂时搅拌涂料,防止涂料沉淀而影响喷涂质量。

气压系统由总阀、空气过滤器、换向阀、调压器、搅拌器马达及空气管等组成。从气源来的压缩空气经总阀和空气过滤器后分为 5 路:第一路压缩空气用于驱动搅拌器马达;第二路压缩空气用于为气压罐提供稳定压力;第三路压缩空气用于开关自动喷枪;第四路压缩空气用于雾化送到自动喷枪的涂料;最后一路压缩空气用于调节喷枪喷幅。

气压罐涂料雾化系统的优点是组成简单,涂料压力稳定性好,而不足

21

主要是不能实现涂料循环。因此,这种方法不适宜于高固体分涂料喷涂。高固体分涂料适宜采用涂料桶内搅拌涂料,且涂料循环到喷枪的防沉淀工艺方法保证涂料均匀。

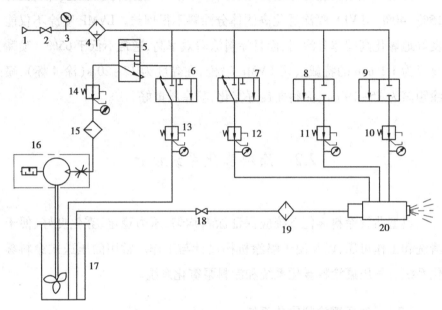

图2.3　气压罐涂料雾化系统原理

1—气源;2—空气卸压球阀;3—压力表;4—空气过滤器;

5—7—二位三通换向阀;8,9—二位二通换向阀;10—14—空气调压阀;

15—油雾器;16—搅拌器;17—气压罐;18—涂料球阀;

19—涂料过滤器;20—喷枪

2.2.2　涂料泵雾化系统

涂料泵雾化系统由涂料系统和气压系统组成,涂料系统用于向喷枪压送涂料、循环涂料和搅拌涂料,气压系统用于驱动和控制涂料系统,并向喷枪提供雾化涂料的压缩空气。高固体分涂料需要采用涂料桶内搅拌涂料,且涂料循环到喷枪防沉淀,通常涂料系统组成应包括涂料桶、搅拌器、涂料泵、过滤器、涂料稳压器、调压器、背压阀、喷枪及涂料管等。气压系统应包括总阀、空气过滤器、换向阀、调压器、搅拌器马达、涂料泵马达及空气管等。

涂料泵有齿轮泵和气动隔膜泵两种。齿轮泵输送液体平稳、无脉动、振动小、噪声低,便于通过转速精确控制流量,最适用于输送各种有润滑性的物质液体。若涂料系统采用齿轮泵,一般还应配套设置流量计,应用于不需要涂料循环的情况。若涂料系统需要循环涂料,利用齿轮泵和流量计无法准确控制从喷枪流出的涂料流量。气动隔膜泵是一种由膜片往复变形造成容积变化的容积泵,其工作原理近似于柱塞泵。其主要特点是适用于特殊防爆场合,可以输送的流体极为广泛,适宜输送从低黏度到高黏度的各种涂料,包括含颗粒涂料,但出口压力波动较大。可见,气动隔膜泵更适于输送高固体分涂料,且无须单独为涂料泵安装防爆装置。

气动隔膜泵雾化系统的涂料压力控制可以采用两种工艺方法:一是气动隔膜泵、涂料稳压器和涂料调压器结合控制压力;二是气动隔膜泵和涂料调压器控制压力。第一种工艺方法比第二种在输送较高压力涂料时压力稳定性好,但成本稍高,不便于清洗。在安装和不安装涂料稳压器两种情况下采用相同参数进行两种方法的压力波动做对比实验:涂料管长度为 45 m,实验试剂黏度为 12 s(涂-4 杯,20 ℃),涂料泵驱动压力为 0.64 MPa。调压器波动压力 ΔP,对比如图 2.4 所示。横坐标为调压器压力,"○"点为测定值。实验数据表明,在各种调压器压力下,安装涂料稳压器后涂料波动压力都显著减小,能满足系统对压力波动的要求。

选择喷枪时,需要考虑的因素包括作业环境、喷枪尺寸和质量、涂料供给方式和喷涂工件形状等。选择大型喷枪具有喷涂效率高的优点,但体积和质量较大。平面形状的大型工件可选用大型喷枪,而凹凸很悬殊的工件和内喷涂则适宜选用小型喷枪。复杂曲管内壁存在 3 种典型截面:凹形截面、凸形截面和平面,因此适合选用小型喷枪。选用小型喷枪还具有减小机器人末端负载,便于结构设计的优点。国外曲管喷涂采用的喷枪有 LVLP,但 LVMP 自动空气喷枪性能更优。

为防止沉淀,涂料流回涂料桶的经验基准流速 v_t 为 0.3 m/s[115]。流回涂料桶的涂料流量 Q_t 为

$$Q_t = \pi r_t^2 v_t \tag{2.2}$$

23

式中 r_t——涂料管半径, m。

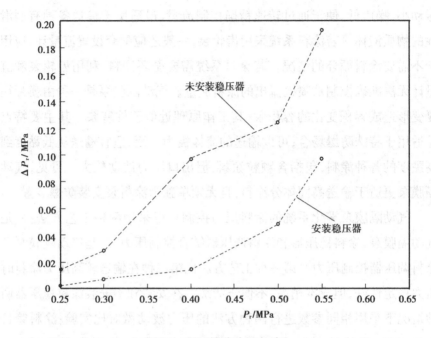

图 2.4 调压器波动压力对比

从喷枪到涂料桶的管路内涂料流动的雷诺数小于 2 000, 涂料循环的流动状态为层流运动。因此, 喷枪入口处的压力可按哈根-泊萧叶公式[116]进行计算:

$$P_g = \frac{8\mu L Q_t}{\pi r_t^4} \times 10^{-6} \qquad (2.3)$$

式中 P_g——喷枪入口压力, MPa;

μ——涂料的动力黏度, Pa·s;

L——喷枪到涂料桶的涂料管长度, m。

2.2.3 复杂曲管涂料雾化系统

设计的典型曲管涂料雾化系统如图 2.5 所示。涂料系统组成包括涂料桶、搅拌器、涂料泵、过滤器、涂料稳压器、调压器、喷枪及涂料管等。涂料桶中的涂料经涂料泵加压后过滤, 然后经涂料稳压器和调压器送到喷枪雾化喷涂。同时,涂料经过喷枪循环回流到涂料桶。涂料调压器用于控制喷枪的涂料压力。搅拌器用于搅拌涂料防止沉淀。涂料系统采用隔膜涂料泵,具有通过超过 1 mm 大涂料颗粒的特性。因涂料回流在喷枪处产生的压力满足喷枪喷涂需要的涂料压力,则不需在涂料回流管路中设置背压阀。

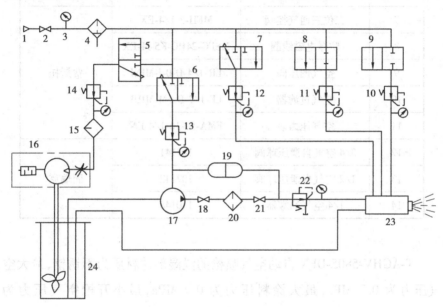

图 2.5　压送式涂料雾化系统原理

1—气源;2—空气卸压球阀;3—压力表;4—空气过滤器;

5—7—二位三通换向阀;8,9—二位二通换向阀;10—14—空气调压阀;

15—油雾器;16—搅拌器;17—双隔膜泵;18,21—涂料球阀;19—稳压器;

20—涂料过滤器;22—涂料调压阀;23—喷枪;24—涂料桶

典型曲管涂料雾化系统的主要零部件选型见表2.2。

表2.2　主要零部件型号

序号	名称	规格、型号	生产厂家
1	空气喷枪	T-AGHV-5805-DFX	特威
2	涂料泵	Husky716	固瑞克
3	涂料调压器	214706	

续表

序号	名称	规格、型号	生产厂家
4	涂料稳压器	224894	
5	涂料搅拌器	226086	固瑞克
6	涂料过滤器	218029	
7	二位三通气控阀	MFH-3-1/4-EX	
8	防爆电磁线圈	MSFG-24DC-K5-M-EX	
9	空气调压阀	LR-1/4-D-0-I-MINI	费斯托
10	空气过滤器	LF-1/2-D-5M-MIDI	
11	空气压力表	FMA-50-16-1/4-EN	
12	3/4 空气自泄压球阀	107141	
13	1/2 空气自泄压球阀	107142	固瑞克
14	1/4 空气油雾器	110148	

T-AGHV-5805-DFX 自动空气喷枪的浸湿部件材质为不锈钢,最大空气压力为 0.7 MPa,最大涂料压力为 0.7 MPa,最小开枪空气压力为 0.35 MPa,雾化空气压力为 0.4 MPa,喷枪长度为 92 mm,喷幅宽(喷涂距离 18 cm)为 25 cm,喷涂距离为 15~19 cm,喷枪质量为 640 g。

Husky716 涂料泵的浸液部件为铝合金和聚四氟乙烯,最大工作流体压力为 0.7 MPa,工作空气压力范围为 0.18~0.7 MPa,最大空气消耗量为 0.672 m³/min,最大涂料流量为 61 L/min,最大自吸高度为干抽 4.5 m 和湿抽 7.6 m,最大输送固体颗粒尺寸为 2.5 mm。

涂料调压器的浸湿部件材质为不锈钢,最大涂料进口压力为 1.8 MPa,调节压力范围为 0.03~0.7 MPa,最大流量为 11 L/min。

涂料稳压器的浸液部件为 316 不锈钢和聚四氟乙烯,最大涂料工作压力为 0.7 MPa,气压工作范围为 0.18~0.7 MPa,最大涂料流量为 60 L/min。

涂料搅拌器的最大工作压力为 0.7 MPa,气动马达额定功率为 187 W,

空气消耗量为 0.06 m³/min,在最大工作压力和 800 r/min 转速时噪声为65.3 dB(A)。

气控阀的响应时间为最短 10 ms(与信号空气管长度有关),空气进出口为 1/4 in(6.35 mm)。

2.3　实　验

典型曲管的涂料泵雾化系统样机如图 2.6 所示。喷涂测试如图 2.7 所示。其稳压功能实验表明,系统按表 2.3 参数运行能稳定工作,满足系统工作要求。喷枪可对底漆、中间涂层涂料和面漆充分雾化,涂层质量良好,如图 2.8 所示为底漆的喷涂效果。喷枪涂料压力波动小的原因除采用稳压器外,喷枪与调压器之间约 20 m 长的涂料软管也具有良好的抑制压力波动功能。

图 2.6　涂料泵雾化系统样机

表 2.3　调试工作压力

气压系统压力/MPa						涂料系统		
气源	开枪	雾化	喷幅	涂料泵	搅拌器	涂　料	涂料黏度/s	调压器设定压力/MPa
0.7	0.42	0.28	0.28	0.65	0.30	底漆和中间涂层涂料	17	0.25

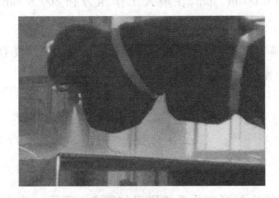

图 2.7　喷涂测试

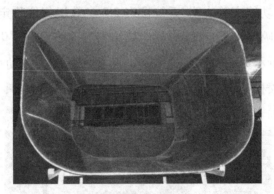

图 2.8　喷涂底漆外观

第 **3** 章

机器人本体设计

为了确保涂层厚度均匀以及表面质量良好,安装在机器人末端的喷枪应有较高的速度和加速度,涂装时机器人有较高的轨迹精度和姿态精度。作业时,机器人必须在狭小的空间内实现无碰撞喷涂运动。此外,电气线路需要连接到关节电机,涂装管路需要连接到喷枪,布置的线路和管路较多,要求设计结构紧凑且便于布置管路。典型曲管涂装作业的特殊性,要求机器人能长时间连续稳定地可靠工作。因此,必须根据这些约束条件和要求,设计出合理和可靠的机器人本体。机器人本体结构不仅是机体结构和执行机构,也是机器人控制的基础。

3.1 工作要求

典型曲管为变截面长弯曲管道,且管道为弯曲的 S 形,且在喷涂和干燥过程中涂层不能被碰撞或触压,否则可能损坏涂层。

喷涂工艺要求喷枪置于喷涂工件表面法线方向上,喷枪和喷涂形面之间的喷涂距离为常值,喷幅中心在工件表面扫过的速率,即喷扫速率为常值。曲管为复杂曲面,喷涂区域法线位于各个方向上。喷涂作业定义在笛卡儿空间中,描述喷枪的位置需要 3 个独立参数,确定喷枪的方位需要 3 个独立参数。因此,满足机器人喷涂曲管所需位姿至少需要 6 个自由度。

喷涂机构的操作空间定义为末端喷枪的喷口中心点根据作业任务所需到达的空间点的集合。曲管喷涂机器人操作空间大小是衡量机器人性能的一个重要指标,不仅与机器人总体构型有关,而且也与机器人各连杆尺寸有关。若喷涂整个内壁,根据其形状和喷涂作业规划基本原则得到的所需操作空间,为管道的部分内部空间,位于与曲管内壁相距一定距离的曲面和两端平面构成的曲面体内。由于该内壁形状复杂,因此无法用简单的数学公式描述操作空间。

3.2 喷涂机构构型综合

3.2.1 喷涂机器人类型选择

曲管喷涂机器人属于管道机器人,管道机器人采用什么结构形式与其应用密切相关,必须满足工作环境和操作空间要求,不是所有类型的管道机器人都能完成变截面 S 形管道的内壁喷涂任务。清管器型、尺蠖式和螺旋式管道机器人的工作原理和结构适宜于在等直径管道内移动,但无法实现在变截面 S 形管道内的轴向运动。由于喷涂时喷枪必须沿指定路径和速度运动,因此,若管道喷涂机器人在喷涂时完全进入管道,机器人必须被稳定地支撑在管壁上以抵消喷枪运动的反作用力。轮式、履带式和行走式管道机器人由于结构原因无法通过压力和摩擦力提供足够的支撑力来稳定机器人本体,因此无法用于曲管喷涂。

压壁型和非接触型管道机器人则可在喷涂过程中为机器人本体提供足够的稳定力,保证喷涂作业顺利完成。刘凯等设计的基于斯图尔特平台的曲管喷涂机器人喷涂臂短而刚度好,但须涂层干透才能喷涂下一道,作业周期长,效率低,并可能由于挤压而损坏涂层,因此用于曲管生产性喷涂不理想。目前,文献未见基于斯图尔特平台的曲管喷涂机器人用于实际生产喷涂。

机器人喷涂典型曲管至少需要 6 个自由度,非接触型非冗余机器人不适合喷涂过于复杂的管道,否则可能造成与管壁的碰撞和涂层厚度均匀性极差。为了确保足够的精度,非接触型机器人需要较大尺寸结构来保证足够的刚度,但它喷涂一遍待涂层表干后,即可喷涂下一遍,喷涂效率高,也不会造成管壁和涂层的挤压损坏。

鉴于上述机器人都不适于喷涂典型曲管,且其两端口的尺寸一大一小,因此提出采用非接触型冗余机器人从曲管大尺寸端口伸入机械臂,一次喷涂完整个曲管内壁。冗余机器人的特点是易于躲避障碍物、避开奇异状态、提高机器人的灵活性和改善动态品质。这样机器人既可具有效率高的优点,又能避免碰撞和保证涂层厚度均匀性。

由于非接触型喷涂机构具有效率高和不挤压损坏涂层等优点,因此,设计采用非接触型冗余喷涂机构实现避障和满足复杂内壁形状对喷涂工艺的要求。机器人基本操作流程如图 3.1 所示。喷涂前喷涂机构先停在预定位置,将曲管推到喷涂机构前端固定好。然后调整喷涂机构的位置进行粗定位并支撑好。启动控制系统记录喷涂机构零位,对喷涂臂进行精定位。如果喷涂机构和复杂曲管之间的相对位姿满足喷涂要求,则可进行下一步的计算并自动喷涂,否则就重新定位。

合适的喷涂机构构型是实现无碰撞喷涂作业的一个必要条件。喷涂机构设计为关节型机构,采用模块化结构设计原则将其分解为定位机构和喷涂臂两个独立控制模块。定位机构包括移动机座和调整机构。移动机座不仅用于安装和运输调整机构、喷涂臂、涂料雾化系统及控制系统等,而且实现粗定位。调整机构用于喷涂前对喷涂臂精定位。喷涂臂用于实现喷涂作业。

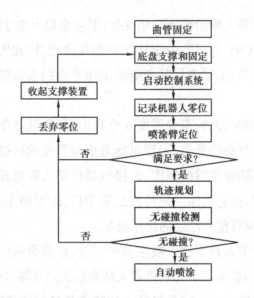

图 3.1　机器人基本操作流程

3.2.2　定位机构

喷涂前,喷涂机构和典型曲管之间必须有一个合适的相对位姿,确保所需的操作空间,并不与管道内壁及其他工件碰撞。复杂曲管坐标系在喷涂机构坐标系中的位姿 T 为 $(X,Y,Z,\varphi,\theta,\psi)$。其中,$X$,$Y$ 和 Z 为曲管坐标系在喷涂机构坐标系中的位置坐标,φ,θ 和 ψ 为曲管坐标系在喷涂机构坐标系中的滚转角、俯仰角和偏摆角。

利用机座移动能完成喷涂机构粗定位,即将曲管坐标系与喷涂机构坐标系的相对位姿关系 T 确定在一个合理的范围内,但并不能确定最终的相对位姿。

设计要求喷涂机构为移动式,喷涂机构在需要时可方便地移进和离开喷涂车间,因此,设计的移动机座上装有车轮。根据定位要求,移动机座上设置气囊移动系统和螺旋机构支腿。当移动机座由工作人员推到工作区域后,利用气囊移动系统进行喷涂机构的位置微调,由支腿将整个移动机座稳定地支撑起来。喷涂任务完成后,收起支腿,移动机座可运离现场。

移动机座与曲管之间粗定位后,调整机构用于完成喷涂臂与曲管之间的精定位,即调整曲管坐标系在喷涂臂坐标系中的位姿。

由于复杂曲管的高度可能不一样,且喷涂臂在喷涂前就需要伸入曲管后面的约束通道内,因此,上述位置中的 X,Y,Z 都需要调整。因为移动机座和曲管设置在同一水平地面上,最终的 φ 和 θ 偏差很小,能满足定位要求,所以不设专门机构调整 φ 和 θ,但 ψ 需要控制在一个合理范围内。通过移动曲管来调整 X,Y,Z 和 ψ 极不方便,因此,用移动喷涂臂来调整这 4 个参数,调整机构需要一个调整喷涂臂的位置机构和一个调整喷涂臂的姿态机构。

因为典型曲管大尺寸端口有与其端口截面尺寸相当的圆筒形空腔,在粗定位后需将喷涂臂穿过圆筒形空腔进入曲管,所以调整机构需要有一个沿圆筒形空腔轴线的移动关节,且该关节在调整机构中行程最大。同时,由于喷涂臂较长,在移动机座上安装调整机构后,应使整个喷涂机构收缩后有较小的纵向尺寸,以便于移动和稳定。喷涂臂自身载荷大,需要调整机构刚度好,整个喷涂机构重心低。因此,将沿圆筒形空腔轴线方向运动的移动关节作为与移动机座连接的第一个关节。

常用的位置机构有如图 3.2 所示的 6 种结构。其中,水平布置的关节 1 都为移动关节。图 3.2(a)中,2 为在水平内运动的转动关节,3 为在竖直面内运动的转动关节;图3.2(b)中,2 为在竖直面内运动且自身轴线与关节 1 轴线垂直的转动关节,3 为在水平内运动的转动关节;图 3.2(c)中,2 为在竖直方向运动的移动关节,3 为在水平内运动的转动关节;图 3.2(d)中,2 为在水平内运动的转动关节,3 为在竖直方向运动的移动关节;图 3.2(e)中,2 为在水平方向运动且轴线与关节 1 轴线垂直的移动关节,3 为在竖直方向运动的移动关节;图 3.2(f)中,2 为在竖直方向运动的移动关节,3 为在水平方向运动且轴线与关节 1 和关节 2 轴线垂直的移动关节。在这些机构中,图 3.2(e)的刚性最佳,重心最低,圆筒形空腔轴线方向结构尺寸最小,也最便于结构布置,因此,选择图 3.2(e)所示结构作为调整机构的位置机构。

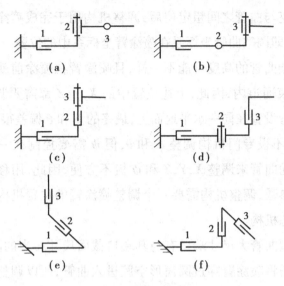

图 3.2 位置机构选择图

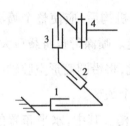

图 3.3 定位机构原理图

姿态机构采用一个轴线在竖直方向的转动关节即可。最后得到的定位机构如图3.3所示,关节 4 为姿态机构。其中,将 1 称为进管关节,2 称为左右关节,3 称为上下关节,4 称为偏摆关节。这 4 个自由度只在喷涂机构定位时使用,在喷涂机构开始正式喷涂时处于锁死状态。

3.2.3 喷涂臂

喷涂复杂曲管内壁采用喷枪在一个曲管横截面上喷涂一遍后,运动到相邻下一横截面上喷涂。要实现喷枪从一个喷涂截面收缩或伸长到另一喷涂截面,在约束管道内不能只采用转动关节来完成,否则喷涂臂结构过长,应通过转动关节配合移动关节来实现。模仿人手无碰撞地伸入一个曲管,转动关节主要用于完成穿越弯曲管段,移动关节用于满足转动关节部分的轴向位移需求,且喷涂时配合转动关节部分运动。因此,将喷涂臂设计成由移动关节构成的直臂和由转动关节构成的曲

34

臂两部分。此外,机器人伸展总长度根据曲管的长度确定,各连杆的长度在不与曲管发生干涉的基础上尽可能长,以减少关节的数量,降低控制的难度。

　　直臂一端与调整机构的转动关节连接,另一端与曲臂的转动关节连接。为使调整机构的移动关节 1(见图 3.3)和移动机座纵向尺寸小,并便于加工制造,设计在同一轴线上的 3 个移动关节串联组合成直臂——三级伸缩臂。其机构原理图如图 3.4 所示。

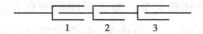

图 3.4　三级伸缩臂原理图

　　在工业机器人领域经常需要用到多级伸缩机构,有气缸、油缸和电机驱动 3 大类。由于前两种驱动方式配件多、自重大,且密封要求高,故使用电机驱动越来越广泛。为了实现将电机输出的旋转运动转变为直线运动,丝杠螺母机构被大量采用。有些伸缩机构通过使用同时具有内外螺纹的套筒零件,实现了简单的多级伸缩,但这种机构的精度和刚度均不高。因此,三级伸缩臂采用丝杠导轨机构,其中关节 1 的结构尺寸最大,关节 2 的结构尺寸次之,关节 3 的结构尺寸最小。

　　三级伸缩臂的每一级伸缩单元选择了两根双滑块的滚珠导轨以增大承载力,在导轨座的布局上也充分考虑了尽量减小悬臂梁的扰动,采用了不同于常见的轨道式水平布局方式的壁挂式的上下布局方式。在承受竖直方向载荷时,壁挂式上下布局方式使得导轨座的抗弯截面系数大于轨道式水平布局方式。为进一步增强系统的接触刚度,螺母座(U 形块)与滑块之间采用了小间隙配合,并在装配时采用了"先高后低"的导轨安装顺序,以提高导轨平面与伸缩方向的平行度。最后,通过使用紧定螺钉实现了安装螺钉预紧力的调整,进一步提高了系统刚度。该机构能够实现大行程、高精度和高刚度的直线伸缩运动。

　　喷涂时,喷枪轴线应位于内曲面法线方向上,且喷枪需要在法线方向平面内转动以改变姿态,故设置 1 个与喷枪连接的转动关节。其轴线与

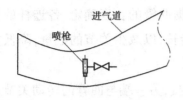

进气道

喷枪

图 3.5　喷枪连接原理图

喷枪轴线垂直,喷枪能以此关节轴线转动,这将最有利于改变喷枪姿态。因此,采用如图 3.5 所示的结构连接喷枪。

曲臂既要实现喷枪竖直方向避障和喷涂作业运动,又要满足喷枪水平方向喷涂作业运动要求。要满足喷枪水平方向的喷涂作业运动要求,在水平方向至少应有 2 个自由度,为减少关节数目设置 2 个转动关节。要满足喷枪竖直方向的喷涂作业运动要求,在竖直方向至少应有 2 个自由度,而要实现竖直方向灵活避障且将关节连杆尽量远离内曲面,还至少需要 2 个自由度。因此,为减少关节数目在竖直方向设置 4 个转动关节。曲臂关节布置如图 3.6 所示。关节 1,2,4 和 6 为在竖直面内运动的转动关节,关节 3 和 5 的轴线与相邻关节垂直,关节 7 的轴线与关节 6 的轴线垂直。为满足典型曲管的避障要求,首先设置两个关节轴线平行且在竖直面内运动的转动关节 1 和 2 与三级伸缩臂连接。为提高机构的灵活度,将另外两个竖直方向的转动自由度与水平方向的转动自由度交叉布置。

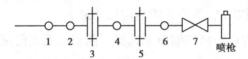

1　2　　3　4　　5　　6　7　　喷枪

图 3.6　曲臂原理图

最终设计的曲臂为 7 个关节机构。设计的 10 关节喷涂臂冗余机构如图 3.7 所示,右端为喷枪。

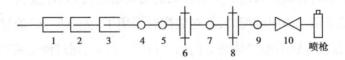

1　2　3　4　5　　6　　7　　8　9　10　喷枪

图 3.7　喷涂臂原理图

复杂曲管喷涂机构如图 3.8 所示,左端虚线部分为定位机构。

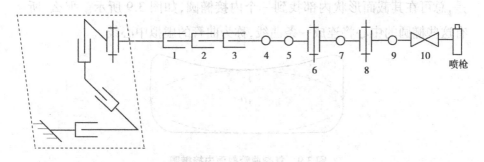

图 3.8　喷涂机构原理图

3.3　喷涂机构尺度综合

合理的喷涂机构结构参数是完成无碰撞喷涂作业的另一必要条件。定位机构中进管关节行程、上下关节行程和喷涂臂连杆参数是关键参数。进管关节和上下关节行程分别通过曲管的水平长度和喷涂时的曲管最大高度确定,选择的行程不小于该长度和最大高度即可。喷涂臂连杆参数优选根据曲管结构特点、运动学和运动规划确定。

在喷涂机构上从调整机构关节 4 一直到连接喷枪的转动关节 10,分别用 D-H 法建立坐标系 $\{0\} \sim \{10\}$(见图 3.6),喷枪坐标系在 $\{0\}$ 中的位姿 $_P^0T$

$$T_P^0 = T_1^0 T_2^1 T_3^2 T_4^3 T_5^4 T_6^5 T_7^6 T_8^7 T_9^8 T_{10}^9 T_P^{10} \tag{3.1}$$

式(3.1)是喷涂臂正向运动学方程。

喷涂臂冗余机构轨迹具有多解特性,必须施加约束条件以保证解的唯一性。喷涂臂关节轨迹不仅必须满足喷枪位姿需求、不出现奇异位形、速度不超限和加速度不超限,而且必须满足作业安全。前者可通过合理的机构构型和控制喷枪速度解决,但保证作业安全就必须控制连杆与内壁的距离。

喷涂对象为一变截面曲管,虽然其部分截面形状不存在对称中心,但

37

是,总可在其截面形状内部找到一个内接椭圆,如图3.9所示。那么,所有这些椭圆的中心将连成一条曲线,称为曲管的虚拟中心线。

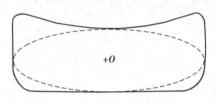

图3.9 复杂曲管截面内接椭圆

复杂内曲面导致直接建立喷涂臂连杆与内曲面距离的计算模型困难,但控制连杆与曲管轴向虚拟中心线的距离,可等同于控制连杆与内壁的距离。因此,采用约束连杆与曲管轴向虚拟中心线距离来控制喷涂臂自运动。利用连杆特殊点与曲管轴向虚拟中心线距离的加权和最小进行轨迹规划,连杆特殊点为连杆端点和中点。保证安全的目标优化函数可表示为 F。

喷涂臂关节速度矢量和喷枪速度矢量之间的关系为

$$\dot{X} = J\dot{q} \tag{3.2}$$

式中 J——喷涂臂的雅可比矩阵;

$\dot{X}$——喷涂臂末端速度矢量;

$\dot{q}$——喷涂臂关节速度矢量。

方程(3.2)采用梯度投影法求解得到:

$$\dot{q} = J^+ \dot{X} + k(I - J^+ J)\nabla H(q) \tag{3.3}$$

式中 $J^+ = J^T (JJ^T)^{-1}$——J 的 Moore-Penrose 伪逆;

I——单位矩阵;

k——比例系数;

$\nabla H(q)$——优化目标函数 $H(q)$ 的梯度矢量。

将式保证安全的目标优化函数 F 代入式(3.3),可得

$$\dot{q} = J^+ \dot{X} + k(I - J^+ J)\nabla F \tag{3.4}$$

求解式(3.4)即可得到关节空间轨迹。

　　根据复杂管道结构形状和尺寸,利用 MATLAB 建立管道和喷涂机构的简化模型,其中将机构连杆简化为直线段,重点针对远端及弯曲管段。喷涂臂进出曲管采用喷枪沿着管道虚拟中心线运动,喷枪采用横行喷涂法和周向式轨迹喷涂。采用上述运动规划及关节空间轨迹求解法进行多尺寸的运动干涉仿真(见图 3.10),最后优选的连杆机构 D-H 参数见表 3.1。a_{i-1} 为连杆 $i-1$ 的连杆长度,α_{i-1} 为连杆 $i-1$ 的扭角,d_i 为移动关节 i 的关节变量,θ_i 为转动关节 i 的关节变量。

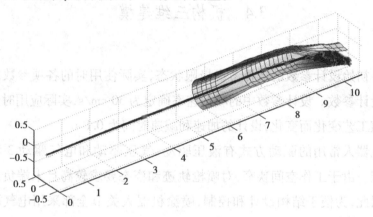

图 3.10　简化模型运动干涉仿真

表 3.1　连杆参数

i	a_{i-1}/mm	d_i/mm	α_{i-1}	θ_i	关节变量
1	0	d_1	0	0	d_1
2	0	d_2	0	0	d_2
3	0	d_3	0	0	d_3
4	3 000	0	$-90°$	θ_4	θ_4
5	900	0	$0°$	θ_5	θ_5
6	800	30	$0°$	θ_6	θ_6
7	200	-55	$-90°$	θ_7	θ_7
8	700	-35	$90°$	θ_8	θ_8

续表

i	a_{i-1}/mm	d_i/mm	α_{i-1}	θ_i	关节变量
9	50	75	$-90°$	θ_9	θ_9
10	100	35	$90°$	θ_{10}	θ_{10}
E	120	0	0	—	—

3.4　机构三维建模

各初始设计参数的选择考虑极限状态,实际使用时的各项参数应不高于设计参数。设计参数中的喷扫速率确定为 30 cm/s,实际应用时此参数应随工艺变化而变化,设计的加速和减速时间为 0.1 s。

机器人常用的驱动方式有液压驱动、气压驱动和电气驱动 3 种基本类型。由于工作空间狭窄,对喷枪轨迹和姿态要求较高且末端负载很小。因此,为便于结构设计和控制,喷涂机器人关节全部采用电气驱动方式。

按照设计的喷涂机构零部件实际尺寸利用三维造型软件进行三维建模,移动平台、定位机构、直臂和曲臂的三维模型如图 3.11—图 3.14 所示。为减轻喷涂臂质量,其中曲臂材料采用镁铝合金。

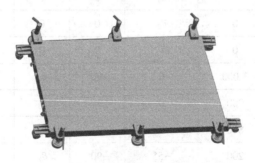

图 3.11　移动平台模型

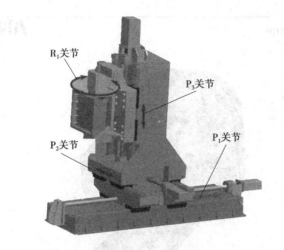

图 3.12　定位机构模型

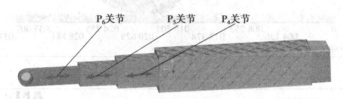

图 3.13　直臂模型

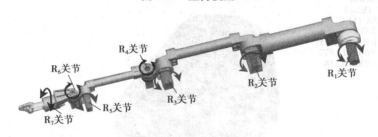

图 3.14　曲臂模型

　　由于机器人为很长的悬臂梁结构,因此,必须对机器人的关键零部件进行有限元分析,校核其变形和应力状态。机器人的关键零部件的受力情况是:考虑运动时各种惯性力等动力学状况,通过达朗伯原理将动力学状况转化成静力学状况,然后用 ANSYS 进行分析,所有结果都满足强度要求。如图 3.15 所示为喷枪支架的有限元分析图,综合变形云图的单位为 mm,Z 向应力云图的单位为 MPa。如图 3.16 所示为连杆 3 的有限元分析图,综合变形云图的单位为 mm,Z 向应力云图的单位为 MPa。

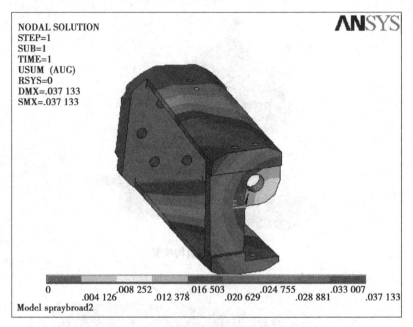

(a) 综合变形云图

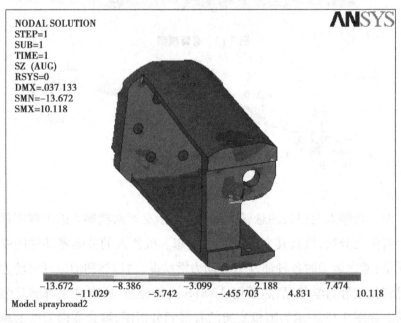

(b) Z向应力云图

图 3.15　喷枪支架有限元分析结果

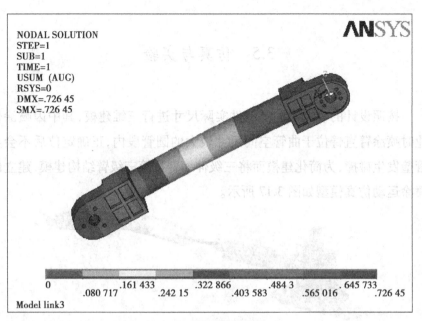

(a) 综合变形云图

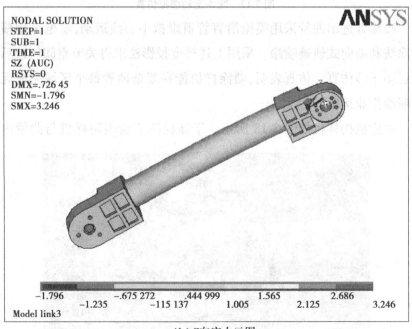

(b) Z 向应力云图

图 3.16　连杆 3 的有限元分析结果

3.5 仿真与实验

按照设计的喷涂机构零部件实际尺寸进行三维建模,其中因喷涂作业时喷涂臂直臂位于曲管空间尺寸较大的圆管段内,正确定位后不会与管壁发生碰撞,为简化建模而将三级伸缩臂按第三级臂结构建模,建立的喷涂运动仿真模型如图 3.17 所示。

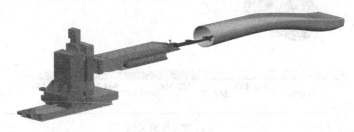

图 3.17 喷涂运动模拟仿真

喷涂臂进出曲管采用喷枪沿着管道虚拟中心线运动,喷枪采用横行喷涂法和周向式轨迹喷涂。采用上述梯度投影法求得关节空间轨迹后进行运动干涉仿真。仿真表明,喷涂样机能在复杂曲管每个区域完成无碰撞喷涂作业运动。

喷涂机构样机如图 3.18 所示。干涉检测实验表明样机与曲管内壁

图 3.18 样机

的最小距离为 18 mm。干涉检测实验中,关节与曲管内壁的最小距离出现在关节 5 的原因是在曲管虚拟中心线转折段只有此一个关节用于竖直方向的壁障,但若紧邻增加此类关节则机构连杆数增多,还需增加相应的传动与控制装置。上述实验中的最小距离小于仿真距离,其原因是仿真时未考虑机构的结构刚度和接触刚度以及控制偏差的影响,而控制系统是采用 PID 控制。

　　喷涂实验表明,喷涂机构能在复杂曲管内顺利避障喷涂作业。如图 3.19 所示为喷涂圆筒和近似矩形筒内表面,其中都可实现水平和倾斜放置圆筒和近似矩形筒的喷涂。

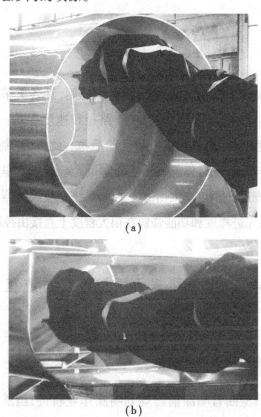

(a)

(b)

图 3.19　喷涂实验

第 **4** 章
机器人控制系统设计

喷涂机器人关节控制为连续的纯运动控制,其各关节同时作受控运动,使机器人末端的喷枪按预期的姿态、路径和速度运动。喷涂机器人控制要求动态精度较高、动态响应快和运动平稳。此外,控制系统还要解决喷涂机器人工作安全问题和危险环境防爆问题。根据这些要求和约束条件,必须设计出先进、适用的控制系统。控制系统是喷涂机器人的核心,典型曲管喷涂机器人先进程度和功能强弱在很大程度上直接由控制系统决定。

4.1 喷涂机器人操控模式与流程

4.1.1 喷涂机器人操控模式

操作者对典型曲管喷涂前需规划喷涂作业轨迹,虽然机器人示教法简单且实用性强,但在曲管狭窄空间中人工喷涂示教极其困难,效率极低。因此,采用离线编程方法规划喷涂作业轨迹和机器人关节运动轨迹,控制器通过局域网或 USB 接口读取各关节轨迹数据文件。

在喷涂操作空间外,由操作人员操作机器人执行回零,回零完成之后进行现场定位。定位后机器人即可执行喷涂任务。喷涂过程中,机器人按照离线编程设定的轨迹自动运行,无须人工参与。若发生机器人系统掉电、故障、死机等异常状况,系统恢复后可手动控制机器人退出操作空间。

4.1.2　喷涂机器人操作流程

若要执行正常的喷涂作业,机器人基本操作流程如图 3.1 所示。

喷涂作业前,要进行必要的基本准备工作,包括完成机器人离线编程以及电源、气源和涂料准备。

准备工作完成后即可按照流程操作,首先启动车间通风系统,然后在机器人收起状态下将机器人平台推动到曲管后方预定位置,对机器人平台进行粗定位,之后放下支撑脚,固定机器人平台。

接下来执行机器人加电过程。控制系统开机后,若自检完成控制系统准备好后即可执行回零和定位操作。

若机器人平台粗定位位置不好,导致控制系统执行定位程序时不能将曲管中心线和机器人轴线调整到重合状态,此时需将机器人回收到零位状态,收起支撑脚,重新执行粗定位操作。

定位完成后即完成了自动喷涂前的最后准备工作,此时即可由操作人员设定机器人进入自动运行模式,开始自动喷涂作业。

自动喷涂完成后,执行关机断电流程,然后关闭车间通风系统。

4.2　控 制 系 统 设 计

4.2.1　控制系统结构设计

机器人控制系统结构有集中控制、主从控制和分布式控制 3 种。其中,分布式控制最为先进并被大量应用。典型曲管喷涂机器人的控制系统基于上述操控模式、操作流程、涂料雾化系统、机器人本体和工作要求设计,采用分布式控制。该系统由控制器、示教器、强电控制系统 3 部分构成,如图 4.1 所示。

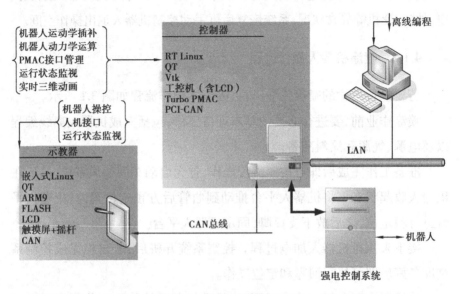

图 4.1 控制系统构成

其中,控制器以工控机为核心,工控机内集成 Turbo PMAC (Programmable Multi-Axis Controller)可编程运动控制卡、PCI-CAN 接口卡,配置 RT Linux 操作系统。控制系统软件采用 C++语言在 QT 环境中编写,完成机器人关节轨迹数据读取和运动学插补、机器人动力学运算、PMAC 接口管理、CAN 总线管理以及机器人运行状态监视等功能,同时还将采用 OpenGL 图形引擎,实现喷涂过程中工作空间三维实时动画显示功能。

示教器是一个便携式智能终端,通过 CAN 总线与控制器连接,用户通过操作示教器可直接对机器人的各关节实施控制。示教器硬件采用嵌入式处理器 ARM9 为内核,内部集成了 FLASH 存储器、液晶显示器、键盘和摇杆以及 CAN 总线的控制器;软件采用嵌入式 Linux 操作系统。在 QT 环境中开发的图形化人机交互界面,将使机器人的操作具有方便快捷、安全可靠、界面友好的特点。

　　强电控制系统以 PLC 为核心,集成伺服电机驱动器、各电源模块、不间断电源(UPS)等电路单元。PLC 负责电源控制、机器人系统安全和系统管理。

　　工作中对示教器与工控机的物理连接以及软件可靠性要求极高,其硬件接口的选择和软件协议的制订应该满足以下要求:如果数据传输过程中,指令或坐标数据发生误码,将会带来不可预测的后果,所以通信系统的可靠性、安全性是首要的;机器人工作环境比较恶劣,各种干扰比较大,通信系统应具备抗干扰能力和错误处理能力;通信速率应足够高,以便高速传输指令并在可能的情况下为通信纠错提供时间。为了满足以上要求,采用 CAN 总线构建了机器人测控网络。

　　系统中 CAN 总线网络上挂接了两个结点,即控制器结点和示教器结点。在此测控网络中,示教器由用户操作,向控制器发出操作指令,完成机器人运动控制、系统设置等工作;控制器负责计算插补数据,向 PMAC 运动控制卡发出指令。

　　由于机器人各关节电机为非防爆电机且制动器温度较高,因此,机器人各电机采用正压通风型防爆方式,用于接线的接头放在正压腔中。电机正压腔的压力状态输入 PLC,只有当正压腔内压力满足要求时,PLC 才向各驱动器供电。

4.2.2　控制器设计

(1)控制器硬件设计

1)工控机

　　控制器选用研华工控机,配置包括:PCA-6114P10-0B2E 无源底板,含两个 PICMG 槽,两个 ISA 槽,10 个 PCI 槽,支持 AT 和 ATX 电源,可为 14 轴电机驱动接口提供充足的安装空间;IPC-610 机箱,含前端接线的 USB 和 PS/2 键盘,I/O 接口可以连接各种外部设备以便进行数据传输、备份和输入,支持单 PS/2 电源或冗余电源;P4 2.8G CPU,1 G 内存,160 G 硬盘,256 M 显卡;15 寸液晶显示器;光驱、鼠标和键盘等。

2）运动控制卡

可编程多轴运动控制卡 PMAC,是美国泰道数据系统公司推出的 PC 机平台上的运动控制卡,是一个完全开放的系统。它采用摩托罗拉公司的高性能信号数字处理器(DSP)内核,是世界上功能最强大的运动控制卡之一。PMAC 应用领域非常广泛,包括计算机硬盘的超高精度的伺服磁道写入、高级 CNC(Computer Numerical Control)控制和机器人控制等,最著名的应用是控制哈勃望远镜镜面的修磨。PMAC 可以控制交直流伺服电机、直线电机和步进电机等,可接受如旋转变压器、光栅尺、增量绝对码盘、电位计、激光干涉仪等的反馈信号。PMAC 允许使用VC++, VB,Delphi 等多种语言平台开发上层应用程序。

PMAC 运动控制卡的基本功能包括过程控制、离散控制、运动控制、主机交互及内部处理等,提供的伺服控制算法包括速度和加速度前馈控制、PID 控制等。它的分辨率、速度、伺服控制精度和带宽等指标大大优于一般控制器。PMAC 所控制的各关节轴既可联动,也可在各自的坐标系中完成各自独立的完全运动。

PMAC 本身就是一台完整的计算机,能够完全独立于工控机等的操作系统而工作。它还可自动判别任务优先等级,从而进行实时多任务处理,在处理时间和任务切换上大大减轻主机负担。

PMAC 主要技术指标为:80 MHz DSP56303 处理器;128 K×24SRAM,用于编辑和运算;128 K×24SRAM,供用户使用;1 M×8FLASH;16 轴高精度、同步运动控制,每轴包括 16 位±10 V 模拟量输出,3 通道差分编码器输入,4 输入 2 输出标志位(分配给限位、归零及使能使用);可通过 PCI 总线、RS-232/RS422 与主机进行通信;提供先进的 PID 控制、带阻滤波及前馈伺服运动算法和扩展极点配置伺服算法。

喷涂机器人系统中,PMAC 与下层电机驱动单元以及检测单元连接结构如图 4.2 所示。

3）CAN 总线及接口卡

CAN 总线是一种多主方式的串行通信总线,其基本设计规范要求有高抗电磁干扰性和高位速率,而且能够自检错误。它的特性还包括:数据传输速率高(达 1 Mbit/s)或数据传输距离远(达 10 km),总线利用率高,错误处理和检错机制可靠,可根据报文标识符决定接收或屏蔽报文,在严重错误情况下节点能自动退出总线,发送的信息遭到破坏后可自动重发以及低成本,等等。这使 CAN 总线在机器人等多个行业中广泛应用。

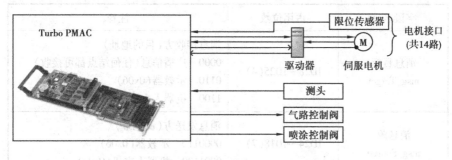

图 4.2　PMAC 外围接口

CAN 总线上的信息以不同格式的报文的形式传输,这就要求设定应用层通信协议,将机器人指令、操作控制命令等信息打包发送,消息接收方再按照既定的格式解释命令或数据。

为有效利用仲裁域的标识符对机器人指令进行编码传输,增加未来组网以及功能扩充的灵活性,报文采用数据帧扩展格式,帧结构如图 4.3 所示。

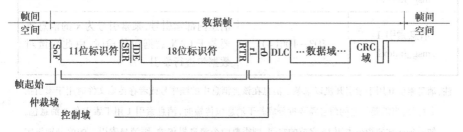

图 4.3　数据帧扩展格式帧结构

数据帧扩展格式的仲裁域包括 29 位标识符 ID28—ID0。其中,基本 ID 11 位标识符(ID28—ID18)首先发送,扩展 ID(ID17—ID0)在 SRR(替代远程请求位)及 IDE(标志符扩展位)之后发送。仲裁域的数据值大小决定了报文的优先级,在总线冲突时,低优先级的消息自动退出总线。系统通信协议的设计中,除了紧急停机指令外,其他消息优先级区分的要求不大,所以将ID28—ID0统一规划,用来转递指令编码等相关信息,这29位标识符定义见表4.1。每条报文的数据域由8个字节信息组成,用来传输具体消息数据,如机器人关节的坐标值等指令。

表 4.1　CAN 消息定义

字段名称	占用位数	注释
消息目标 msg_Target	ID28—ID25(4)	消息接收方(目的地址) 0000　广播信息(任何结点都可接收) 0110　示教器(0x06) 1100　机器人主机(0x0c)
消息源 msg_Source	ID24—ID18(7)	消息发送方(源地址) 0000110　示教器(0x06) 0001100　机器人主机(0x0c)
消息类别 msg _Sort	ID17—ID12(6)	指定消息的类别: 0　紧急信息 1—15　机器人运动 48　状态、故障信息 49　机器人本体配置信息 50　示教器设置信息
消息索引 0 msg_Index0	ID11—ID4(8)	消息索引,某类消息类别内的索引号
消息索引 1 msg_Index1	ID3—ID0(4)	消息内部索引号,某索引号为 x 的消息需要若干 CAN 数据包传输时,由此变量对数据包进行索引

注:消息索引 0 用于索引开机以来某个消息在该类消息中的顺序号或者在传输文件时用于索引指令行号;当需要传输的信息需要拆分成若干消息包传输时,消息索引 1 用于索引各个消息包,如一条标准的指令占用 16 字节的空间,则需要两个消息报传输,则消息索引 1 的值分别设定为 0000 和 0001。

　　控制器通过 CAN 接口卡与示教器实时通信。选用的 PCI-5121 智能 CAN 接口卡是具有 PCI 接口的高性能 CAN 总线通信适配卡,它使工控机连接到 CAN 总线上,方便地实现了 CAN2.0B 协议的数据通信。

PCI-5121 智能 CAN 接口卡采用标准 PCI 接口实现与主机的高速数据交换,接口符合 PCI 2.1 规范支持即插即用。PCI-5121 智能 CAN 接口卡集成两个电气独立的 CAN 接口通道。各个通道利用光电隔离保护计算机,避免地环流的损坏,提高在恶劣环境中的系统可靠性。接口卡采用 4 层电路板全部 SMT 工艺,保证长期工作的可靠性。

PCI-5121 智能 CAN 接口卡主要技术参数为:PC 接口为 32 位 33 M PCI 数据总线,PCI 2.1 兼容;8 KB RAM 板载双口数据存储器;SJA1000T CAN 控制器;PCA82C250CAN 收发器;数据传送速率在 5 kbit/s ~ 1 Mbit/s;CAN 通信接口为 DB9 针型插座,符合 DeviceNET 和 CANopen 标准;CAN 协议为 CAN 2.0B 规范(PeliCAN),兼容 CAN 2.0A 规范;每通道接收 4 000 帧/s 的最高帧流量;1 000 VDC 光电隔离耐压;130 mm× 90 mm标准 PCI 短卡;支持 Windows 98/Me,Windows 2000/XP 和 Linux 等操作系统。

(2)**控制器软件设计**

1)控制系统层次模型

系统采用 PMAC 控制机器人的运动,很好地分割了控制系统的任务分工,形成了主机控制系统层次模型,该模型由协调层、执行层和驱动层构成,如图 4.4 所示。

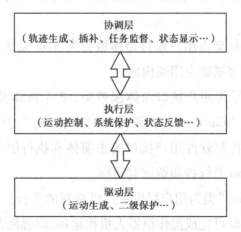

图 4.4　机器人控制系统层次模型

在该层次模型中,主机工作在协调层,负责机器人工作空间运动轨迹生成(离线编程方式),轨迹数据插补是直接将插补数据发送下去,由PMAC完成精插补,按照设定的运动模式控制关节电机运动。

PMAC工作在执行层,独立完成位置环和速度环的伺服控制,不仅充分发挥PMAC的强大功能,同时也解决了工控机操作系统实时性不好的问题,解放了主机,使主机有充足的时间执行系统管理、状态显示等上层任务。

各轴电机及驱动器工作在驱动层,完成电能到机械能转换过程,实现机器人所需的运动;同时,由PLC在驱动层管理各轴硬限位传感器,若发生机器人失控而执行层系统保护未动作,由PLC执行二级保护,超越上层控制系统,对机器人进行断电制动保护。

2)控制器软件系统构成

作为协调层主调度程序,在工控机上运行的控制系统软件无疑是机器人能正常运转、实现喷涂功能的核心。该软件的设计采用面向对象编程思想,在LINUX2.6+QT4.0环境中用C++语言编写调试。控制系统软件主要包含以下功能模块:机器人回零、机器人定位、末端轨迹数据读取和运动学插补、机器人动力学运算、PMAC接口驱动、示教器接口管理以及机器人末端点位控制、机器人死锁解开、喷涂过程实时三维动画模拟显示。

控制软件的框架由用户接口窗体服务类、Can总线服务类和机器人应用服务程序类等基础应用类构成。

如图4.5所示为用户接口窗体服务类。3个窗体类"MainWindows""PmacTerm"和"CanTest"分别继承自Qt的"QMainWindows"和"QDialog",对应控制软件用户接口的主窗体和执行层Turbo Pmac操作终端对话框和Can总线控制调试对话框。

"MainWindows"类为用户提供了人机交互的平台。用户在此工作界面通过键盘鼠标即可完成操作机器人机构运动、监视机器人状态、开放控制权限等基本操作。

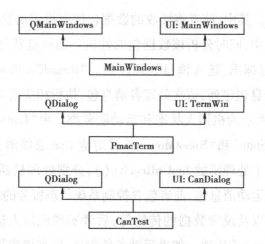

图 4.5　用户接口窗口类

"PmacTerm"类为用户提供了一个 Turbo Pmac 终端窗口。用户可通过这个界面载入规划好的轨迹文件,载入后如果通过规则检查和关节限位检查即转换为 Pmac 程序。通过人机交互,用户可很方便地调试、试运行 Pmac 程序,或者连续、重复运行多段程序。

"CanTest"实现了一个 Can 总线管理终端对话框。主显示框可实时显示总线消息包内容,为用户调试和跟踪系统故障提供了简便易用的软件工具。

Can 总线服务类如图 4.6 所示。CanBus 类由 QObject 类继承,主要实现 Can 总线的管理(如 Can 总线初始化,启动等)和消息处理类的重定位功能。

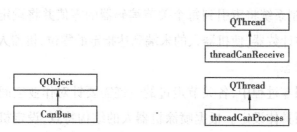

图 4.6　Can 总线服务类　　　　**图 4.7　Can 总线接收和处理线程**

如图 4.7 所示为 Can 总线接收和处理线程。由 QThread 类继承的线程类"threadCanReceive"和"threadCanProcess"用来实现 Can 总线消息包的接收和处理。其中,前者将接收的数据包按照设定的协议分配到 can_pack 数据结构中,同时分析该数据包的性质。如果是紧急消息包则立即处理,否则设定标志,送入消息处理序列。"threadCanProcess"扫描 can_pack 待处理消息包序列,依次处理各消息包,执行相应的操作指令。

如图 4.8 所示为机器人状态和运动服务类。由"CanServe"类继承的两个类"RobotState"和"RobotMoveServo"对应 Can 总线消息的程序实现,继承后重定义了处理函数 funOnReceive(),分别处理机器人状态服务消息包和机器人运动消息包,前者包含控制系统状态服务的指令,如系统安全监视的握手以及设置数据的传输等,后者实现机器人运动类指令(如单关节运动指令)的传递。如果运动条件满足,可直接控制机器人运动。

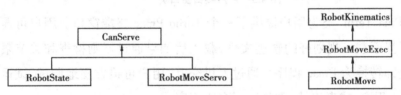

图 4.8　机器人状态和运动服务类　　　　图 4.9　机器人应用服务程序类

如图 4.9 所示为机器人应用服务程序类,继承自"RobotKinematics"的"RobotMove"类主要实现机器人基础运动服务程序,包括回零操作、关节运动、直线运动及喷涂控制等。

3)机器人回零程序流程

机器人回零是每次控制系统开机后必须执行的过程。通过回零操作,机器人控制系统将索引到每个关节编码器的零值并将设定的偏移值赋予编码器的计数器,使机器人的末端到达指定的零位,机器人进入一种确定可控的状态。

机器人回零过程中,各关节走过的轨迹需要针对作业空间内障碍物位置的不同而具体设定。根据喷涂机器人的结构特点,设定机器人在完全收缩的状态为零位,每次机器人控制系统关机前执行回收程序,机器人收缩回运输平台。下一次开机后,执行原位回零程序即可。

机器人控制系统在异常情况(紧急停机、故障中断运行等)下必须重新回零时,需手控机器人运行到设定的回零区域,确保执行回零操作过程中不会遇到障碍物才可执行回零操作。

此时回零程序流程如图 4.10 所示。

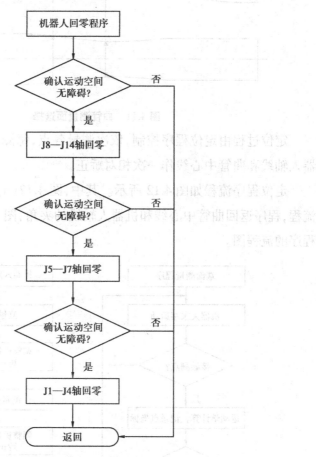

图 4.10 异常时的机器人回零程序

4)机器人定位程序流程

喷涂机器人要在工件的指定位置进行喷涂,故在进行喷涂作业前,需要对工件进行定位。通过定位,确定机器人与工件的位置关系,从而按照预定的方案进行喷涂。

根据曲管的结构,选定了 3 个与曲管中心线垂直的横截面为测量面,每个测量面选定 4 个测点(见图 4.11)。

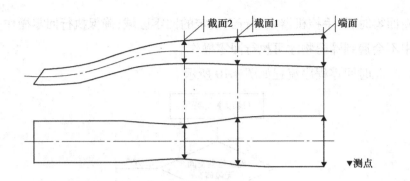

图 4.11 曲管测量面选择

定位过程由定位程序控制,依次测量各点,每测量完一个平面,对机器人轴线和曲管中心线作一次相对矫正。

定位程序流程如图 4.12 所示。其中,图 4.12(a)为每个端面的测量流程,程序返回曲管中心线和机器人轴线的夹角;图 4.12(b)为整个定位程序的流程图。

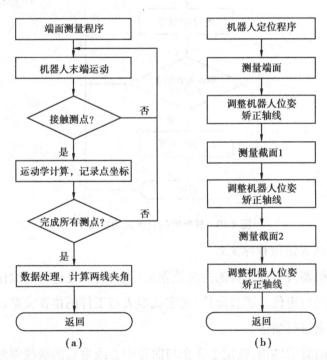

图 4.12 定位程序流程图

5）机器人关节空间点位控制程序流程

机器人关节空间点位控制程序用于"手动运行模式"，由操作人员通过示教器直接控制机器人运动。在机器人定位、喷涂质量检验以及调试过程中需要此操作。当操作人员通过示教器直接操作机器人运动时，通过示教器向控制器发出运动目标指令数据。控制器首先进行空间检查，确认目的坐标在机器人的操作空间范围内时，向执行层运动控制卡发出插补后的运动指令数据。机器人运行过程中，本程序会不断回读机器人当前坐标，超限时会立即发出停机指令，以保护机器人和工件的安全。程序流程图如图 4.13 所示。

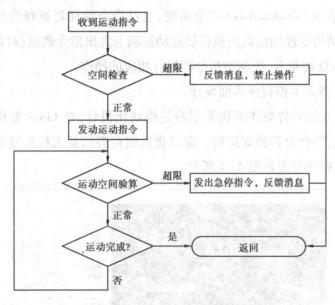

图 4.13　机器人关节空间点位控制程序流程

6）喷涂控制

喷涂过程由 Turbo Pmac 通过 GPIO 的输出通道控制，通过 M 变量制订控制值，可通过编写 PMAC 控制程序或发送立即指令的方式控制其动作。在控制系统程序中，编写喷涂控制界面，用于涂料雾化系统功能测试、喷涂准备和管道清洗。

7)机器人自动运行程序

机器人自动运行程序用于"自动运行模式",控制机器人执行喷涂任务。

运行该程序前,应首先完成机器人与喷涂工件定位,将机器人末端移动到预定喷涂起始位置,此时可由操作人员设置机器人进入自动运行模式,控制系统将开放所有运动速度限制功能。在自动运行模式,操作人员可通过按控制柜操作面板的按钮或通过单击控制系统主界面上的"机器人操作面板"上的相应按钮令机器人执行、停止、暂停喷涂任务。

机器人执行喷涂任务以离线编程产生的任务文件为依据。在该任务文件中,采用 TsinghuaRobot 指令系统,通过指令编译器解释为机器人操作码,运动指令经插值后向执行层运动控制卡发出指令数据;对其他计算类指令、I/O 类指令、控制类指令则执行相应的操作。

8)机器人主控程序界面设计

控制系统软件整体架构采用的是模块化设计,在 Linux 操作系统中运行,其前后台分开独立运行。窗口化的前台界面是人机交互的重要通道。其主程序界面如图 4.14 所示。

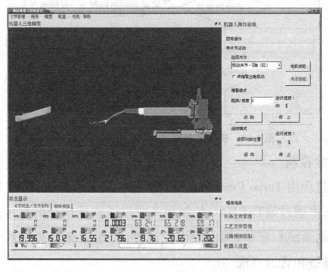

图 4.14　主程序界面

主界面中所有浮动窗口、工具条都可由用户配置,用户可由"视图"菜单条打开或关闭某个窗口,可以移动或重新配置窗口的位置。

程序规划的子窗口包括机器人三维模型(实时显示机器人位姿模型)、三维视图控制(三维模型显示内容开关控制)、机器人操作面板(设定机器人操作模式,启动机器人运行)、任务文件管理(管理离线规划数据文件)、工艺文件管理(管理喷涂工艺文件)、机器人设置(设置机器人的极限参数)、系统设置(控制系统软件相关设置,系统时间、界面颜色等)、机器人坐标(实时回读并显示关节或直角坐标系下机器人的坐标值)及机器人限位(显示各关节的限位状态)。

机器人运行过程中,控制器通过主界面"机器人三维模型"窗口实时显示当前机器人的位姿、运动方向、运动速度以及与曲管位置关系。用户可通过"三维视图控制"窗口选择打开或关闭机器人模型、曲管模型、机器人运行方向速度指示等显示信息;还可用键盘鼠标操作,任意改变视角,以最佳角度观察机器人的运动情况。

4.2.3 示教器设计

(1)示教器硬件设计

机器人回零、标定以及需要手动控制操作时,操作人员手持示教器进入机器人的操作空间。示教器是操作机器人动作的工具,更是保障操作人员安全的智能终端。

示教器通过CAN总线与控制器连接,机器人运行过程中,示教器与控制器保持实时通信,两者互相监督,若发生异常状况则启动安全机制,对机器人进行安全保护。

示教器通过光电隔离和接口芯片82C250接入总线。总线电缆采用6或8芯两两双绞线。其中,一对作为CAN总线,一对作为24 V电源线,另两对用作急停按钮信号线。为保证示教器和控制柜单片机供电,线径应大于 $0.25\ \mathrm{mm}^2$。

示教器由基于ARM9内核的核心板、系统母板、3.5 in(1 in=2.54 cm)

的 LCD 显示器以及其他外围人机接口设备构成,如图 4.15 所示。

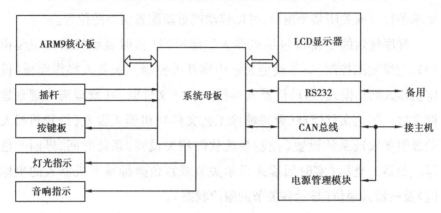

图 4.15　示教器硬件结构

1)核心板

为缩短开发周期,选用技术成熟的 ARM9 核心板,型号是 FS-PXA255 (见图 4.16)。该核心板基于英特尔公司的 Xscale-PXA255 嵌入式处理器,它充分考虑接口的扩展问题,在 76 mm×57.8 mm 的 PCB 上,集成了开关电源、CPU、SDRAM、NorFlash、专用复位电路、JTAG 调试接口等。通过两条双排 74 针的连接器,引出了外部扩展需要用到的全部数据总线、地址总线、各外设接口、IO 信号。

图 4.16　FS-PXA255 核心板

核心板主要物理特性包括:6 层板设计;长 76 mm,宽 57.8 mm;两条

74PIN 的排针,每条均为双排 2 mm 间距;中央处理器 PXA255 (英特尔),Xscale,主频 400 MHz, 工业级;程序存储器 32 M 字节 NorFlash(两片英特尔 E28F128 组成,32 位接口);数据存储器 64 M 字节 SDRAM (两片 16 位的 K4S561632H 组成,32 位接口);高效率开关电源对内核和 IO 供电;一个电源指示灯和两个系统运行指示灯;RTC 实时时钟;10 针的调试接口,内含全部 JTAG 调试信号、一个 UART、一个中断等。

核心板上预装嵌入式 Linux 2.6 操作系统。其强大的硬件和软件平台为开发图形化人机交互界面提供了强有力的保障。

2)系统母板

系统母板提供了 ARM9 核心板和其他外围设备的电气接口。

3)LCD

LCD 选用夏普 4.3 in 真彩色 TFTLCD。其技术指标如下:型号 LQ043Q7DB04;带 4 线电阻式触摸屏;分辨率 240×320;16 位真彩,256 K 色;高亮度,对比度可调;显示方向、触摸方向可按实际需要任意设定。

4)摇杆

通过摇杆操作机器人将使操作人员对机器人的直接操控更加灵活高效。选用工业级霍尔型操纵杆,如图 4.17 所示。这款摇杆采用非接触式霍尔传感器,保证了长期使用的高可靠性。它具有 3 个自由度,可直接控制机器人在操作空间内沿 X, Y, Z 坐标运动,同时还可通过按键切换,控制机器人某关节单独运动。

图 4.17　Model 1400 型摇杆

辅助按键板是为补充触摸屏操作的不足而设置的,只包含坐标轴切换、伺服使能/关闭、摇杆使能等若干快捷按键。按键板上还安装一个急停开关,以备机器人异常或操作错误时立即关闭机器人电源系统。

5)其他外围设备

示教器上还设置了 8 个辅助快捷按键作为触摸屏操作的补充,包括

4个功能按键(伺服使能/关闭、机器人运行/停止、摇杆操作模式选择、轴选择)和4个用户自定义按键(允许用户定义按键功能)。

示教器电源由控制柜一侧通过包括 CAN 总线通信信号的一根 8 芯电缆供给,由电源管理模块变换产生+5 V 和+3.3 V 等多路直流电压供示教器各电路单元工作。电源管理模块结构如图 4.18 所示。

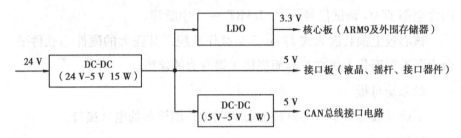

图 4.18　电源管理模块

(2)示教器软件设计

运行在 ARM9 上示教器程序在 WinCE 环境中用 C++语言编写,示教器程序包含以下程序模块:人机接口管理;机器人操控指令解释;CAN 总线管理;机器人运行监视;图形化信息显示。

4.2.4　强电控制设计

(1)电源系统

电源系统提供整个机器人工作所需的电源。车间提供的电源为三相 380 V+PE(保护地),30 kW,PE(保护地)不和 N 共用。车间提供的电源经三相变压器 T1 变压为三相 220 V(变压器容量不小于 30 kV·A)。另外喷涂环境中的供电部分需考虑防爆问题。各设备外壳需重复接地,地线截面按国家标准(设相线截面为 S,当 $S \leqslant 16$ mm^2 时,$S_{PE} = S$;当 16 mm$^2 < S \leqslant 35$ mm^2 时,$S_{PE} = 16$ mm^2;当 $S > 35$ mm^2 时,$S_{PE} = 0.5S$)。

(2)关节控制系统

1)关节控制系统原理

关节控制系统的原理框图如图 4.19 所示。主控计算机解算出的机器人各关节的运动指令通过 PCI 总线传递给 PMAC 运动控制卡(图 4.19 中的 PMAC 转接部分包括 PMAC 转接板和转接箱,主要是为了便于接线和抗干扰)。PMAC 运动控制卡、电机驱动器和关节电机构成关节控制系统。驱动器和电机之间构成速度闭环系统。驱动器的速度指令来自 PMAC 的模拟量给定,同时驱动器将关节电机的编码器信号反馈给 PMAC,这样 PMAC 和电机构成位置外环,驱动器和电机构成速度闭环。关节 1—13 所对应的驱动器 D1—D13、电机 M1—M13 均为松下产品。关节 14 的驱动器 D14 和电机 M14 为 Harmonic 交流伺服系统(电机减速器一体)。

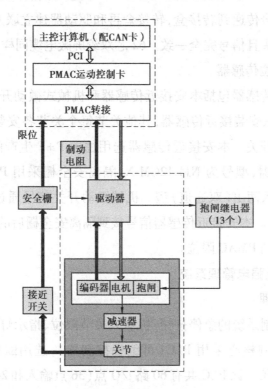

图 4.19　关节控制系统原理框图

2) PMAC 运动控制卡

运动控制卡选用的是 Turbo PMAC PCI,用以完成各关节电机的运动控制。Turbo PMAC PCI 自带 8 轴运动控制模块,通过 Accessory 24PCI 扩展 8 轴，共可实现 16 轴运动控制。另外，Turbo PMAC PCI 自带以下 I/O 模块：J2（JPAN）12 入，J3（JTHW）8 入 8 出，J5（JOPT）8 入 8 出。共有 28 路输入，16 路输出。Turbo PMAC PCI 通过 J4（JRS422）和面板单片机通信。Turbo PMAC PCI 和 Accessory 24PCI 均是 PCI 安装方式，Turbo PMAC PCI 通过 PCI BUS 和工控机通信，而 Accessory 24PCI 不通过 PCI BUS 通信，PCI 槽只起支撑和固定作用，其只和 Turbo PMAC PCI 有通信关系。如图 4.20 所示为 PMAC 和各伺服驱动器的接线示意图。图 4.20 中共有 5 块 PCI 板（PCI 槽只起固定和支撑作用）占用 5 个 PCI 槽，利用扁平电缆和 PMAC 联系，在工控机后部 PCI 板上的接插件通过 62 芯双绞屏蔽电缆将信号传递到转接盒，转接盒再和驱动器建立联系。各扁平电缆两端均为母头且信号完全一致。62 芯双绞屏蔽电缆同样如此。

3）关节限位传感器

关节限位传感器包括本安接近传感器和机械式微动开关两种，最前端的 J8 关节，只安装接近传感器，其他关节每个关节各安装两个接近开关和两个机械开关。本安接近传感器选用德国 P+F 生产的 NAMUR 型本安接近传感器，型号为 NJ4-12GM-N，隔离安全栅采用 P+F 的 KFD2-SR2-Ex2.W 两入两出（双通道）型。机械微动开关信号通过齐纳式安全栅，接入控制柜。本安接近传感器信号接到隔离安全栅后的本安端，非本安端信号连接到 PMAC 限位。

（3）**安全及强电管理系统**

1）系统原理

机器人控制系统的急停按钮、机器人关节限位、指示灯、安全及强电管理系统的控制核心采用 PLC（可编程控制器），选用欧姆龙 CPM2A-60CDR-D 型 PLC。该 PLC 共有 60 路 I/O 点（36 点输入和 24 点输出），工作电源 24VDC，继电器型输出。扩展单元 CPM1A-40EDR，24 入 16 出。

PLC 的电气原理图如图 4.21 所示。I/O 的输入输出均接成共阳形式（COM 均接到+24V_C）。

输入信号（PLC_I）共 27 路：按钮共 9 路；压力开关两路；副柜工作状

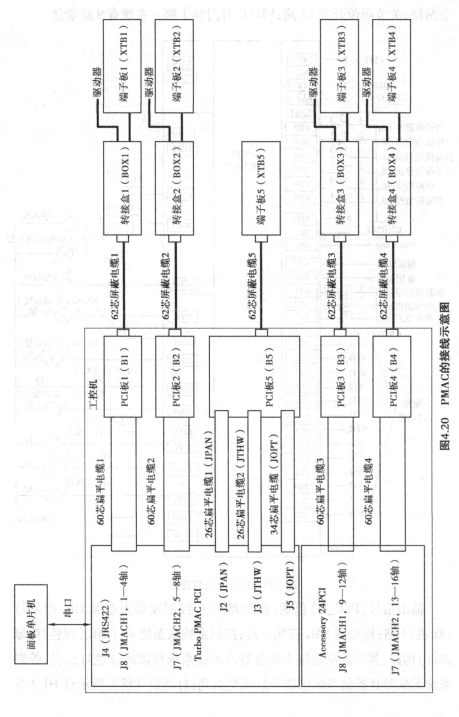

图4.20 PMAC的接线示意图

态两路;关节限位开关 13 路;PMAC 看门狗 1 路。系统有 9 路余量。

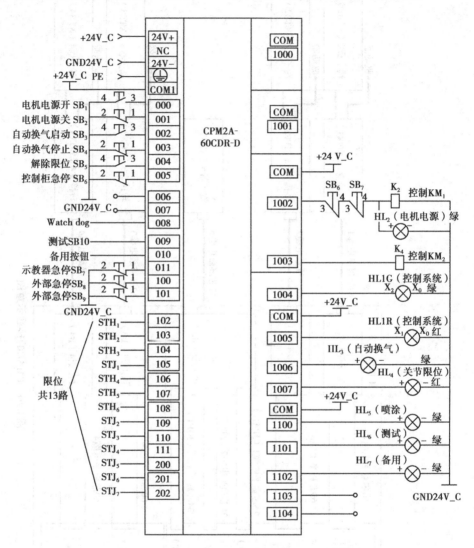

图 4.21 PLC 电气原理图

输出信号(PLC_O)包括:接触器 KM₁ 控制及动力电源 HL₂ 指示灯(绿色)1 路;接触器 KM₂ 控制 1 路;控制系统状态指示灯 HL₃(双色灯,绿和红)两路,其中控制系统未准备好或控制系统故障时红色灯点亮,控制系统无故障且控制系统已准备好绿灯点亮;自动换气状态指示灯 HL₄(绿

色)1 路,自动换气时该灯亮;关节限位状态
指示灯 HL_5(红色)1 路,机器人某个关节限位
则该灯点亮;副柜工作状态指示两路,用于测
试和运行;喷涂状态指示灯 HL_8(绿色)1 路,
即喷枪打开状态时,该灯亮;自动进气电磁阀
1 路,自动排气电磁阀 1 路。

当控制系统未准备好、控制系统故障、关
节限位传感器动作、急停按钮动作,则继电器
K_2 断电,接触器 KM_2 断电,即驱动器动力电
源和控制电源断电,同时相应的指示灯亮。
系统正常时,黄色和红色指示灯均应熄灭。

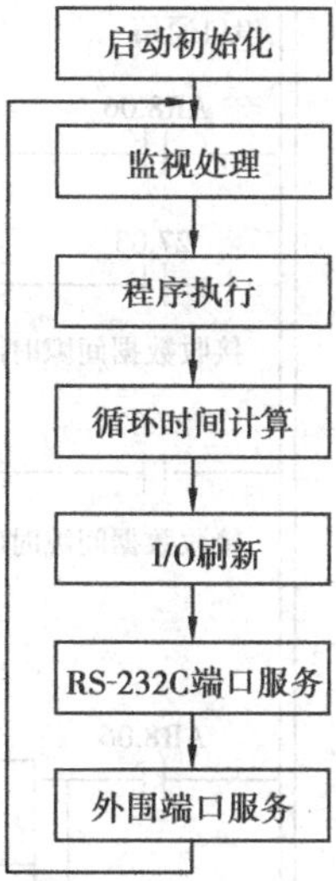

2)PLC 软件

PLC 软件主要由初始化模块、按钮响应
模块、压力开关监测模块、限位传感器监测模块、串口通信模块组成。
PLC 按照循环扫描方式工作,PLC 本身的工作流程如图 4.22 所示。PLC
串口程序如图 4.23 所示。

（右侧流程图）

启动初始化

监视处理

程序执行

循环时间计算

I/O 刷新

RS-232C 端口服务

外围端口服务

图 4.22　PLC 工作流程图

(4)低压电器

低压电器包括电源开关、空气开关、接触器、继电器、熔断器、按钮及
指示灯等。

根据变压器为 30 kVA,三相 220 V,选取正泰 DZ 158-80(3 极)空气
开关。该空气开关的额定电压 380 V,额定电流为 80 A,满足要求。

电源开关应满足额定电压≥220 V,额定电流≥80 A,并且如果接线
端子位于正压柜外,应选择防爆开关。

交流接触器用于驱动器供电用,选取正泰 CJX2-8011 交流接触器,线
圈电压 AC220V,50 Hz,辅助触头组 F4-20。

抱闸继电器选择固态继电器,型号为欧姆龙公司的 G3SD-Z01P-PD
型,输入 DC24V,输出 DC24V,电流 1.1 A,G6B-4BND 配座,DIN35 导轨安
装,每个继电器座可安装 4 个继电器。

69

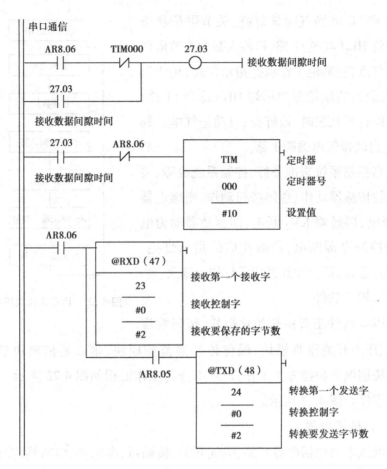

图 4.23 PLC 串口程序

电源检测继电器 K_1 选择线圈额定电压为 AC220V 即可。接触器控制继电器 K_2,线圈额定电压为 DC24V,触点额定电压/电流为 AC220V/2A。外加制动器控制继电器线圈额定电压为 DC24V,触点额定电压/电流为 DC24V/15A。

4.2.5 控制系统参数调定

机器人关节响应特性直接决定着机器人系统整体的性能。在喷涂机器人控制系统层次模型中,PMAC 工作在执行层,由 PMAC 实现位置闭环控制;各轴电机及驱动器工作在驱动层,驱动器负责速度环和力矩环闭环控制。

　　PMAC 内部闭环控制系统采用传统的 PID 控制策略,内部标准的伺服周期为 467 ns,控制系统参数整定的目的就是调整 PMAC 内部一些 I 变量,包括 Ixx30(Motor xx PID Proportional ,比例增益)、Ixx3(Motor xx PID Derivative,微分增益)、Ixx32 Motor xx PID(Velocity Feedforward Gain,速度前馈)、Ixx33(Motor xx PID Integral Gain,积分增益)、Ixx34(Motor xx PID Integration Mode Gain, 积分模式设定)、Ixx35 (Motor xx PID Acceleration Feedforward,加速度前馈)等,使关节控制刚性适中,高低速运行平稳,低速无爬行,高速无振荡,跟踪误差在设定的精度范围内无超差。

　　参数整定通过 PmacTuningPro 软件实施,采用试凑法,首先将各关节调整到机械原点,使所有关节都处于最大负载状态,采用 S 曲线加减速信号激励,根据响应曲线调整相关参数。最后获得的曲臂 6 个关节响应曲线图。如图 4.24 所示为典型的关节响应曲线图。

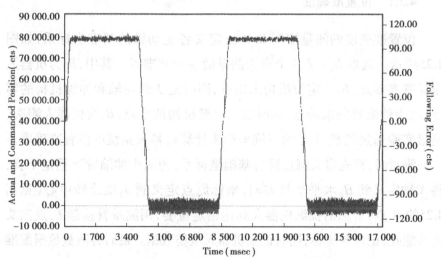

Proportional Gain(lx30)=28 000 Derivative Gain Gain(lx31)=0 Velocity Feedforw ard Gain(lx32)=0
Integral Gain(lx33)=200 Integral Mode(lx34)=1 Acceleration Feedforw ard Gain(lx35)=0
Command Offset(lx29)=0 Command Limit(lx69)=32 767 Servo Cycle Extension(lx60)=0
Friction Feedforw ard Gain(lx68)=0 Fatal Following Error Limit(lx11)=32 000

−Commanded Position(Left)　　　−Actual Position(Left)　　　−Following Error(Right)

图 4.24　第 8 轴关节 S 曲线加减速响应曲线

4.3　机器人测试

由于加工误差、装配误差、齿轮传动误差、关节间隙、杆件变形、驱动器分辨率及控制算法等因素的存在,建立的理想运动学模型不能绝对真实地反映机器人的实际运动情况,也会影响机器人的性能。测定出机器人系统性能,能检验系统设计、制造以及装配的技术指标情况,为制订和改进喷涂工艺提供参考依据。位置准确度和位置重复性是涂装机器人的重要性能指标。位置准确度是指机器人到达指定点的精确程度,即机器人末端执行器实际到达位置与要求到达的理想位置之间的偏差。位置重复性是指如果动作重复多次,机器人末端执行器达到同样位置的精确程度。

4.3.1　位置准确度

位置准确度的测量按照 D-H 法定义各运动轴的基准坐标系,如图 4.25所示。选取 B_0—B_3 4 个点为测量的参考基准点。其中,B_0 为机器人全局基准零点,B_1 为定位机构末端点,同时是 J_1 转动轴和伸缩机构的零点;B_2 为伸缩臂的末端点,同时也是曲臂机构的零点;B_3 为机器人测头。测量实验通过测量 B_3 点的三维坐标来计算机器人系统的位置准确度。

测量时,首先定义测量臂的基础坐标系,为减少伸缩臂下垂量干扰,将 X 轴定义到 H_4 水平平行方向,坐标原点定义到 J_2 轴旋转中心(见图4.25的 B_2 点)。然后操纵机器人到达指定位姿,用测量臂接触 B_3 点测头安装螺孔,记录该坐标,同时记录机器人位姿数据。最后将测量数据配准(坐标平移变换),作对比分析。如图 4.26 所示为部分理论位置数据,如图 4.27 所示为对应的实测位置数据,"◆"点为数据点。

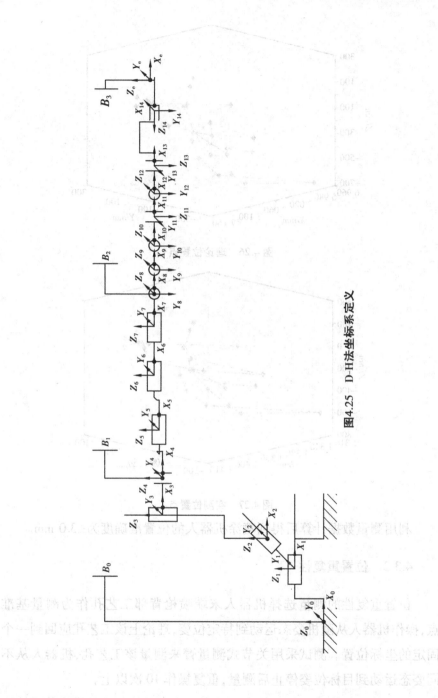

图4.25　D-H法坐标系定义

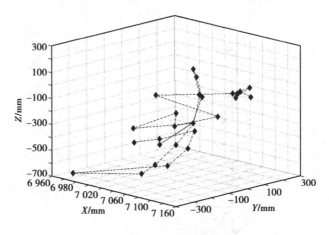

图 4.26　理论位置点

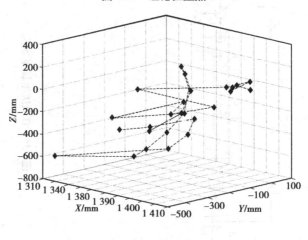

图 4.27　实测位置点

利用测量数据计算后得到喷涂机器人的位置准确度为±3.0 mm。

4.3.2　位置重复性

位置重复性的测量选择机器人末端喷枪背部工艺孔作为测量基准点，操作机器人从随机姿态运动到特定位姿，理论上该工艺孔应回到一个固定的坐标位置。测试采用关节式测量臂来测量该工艺孔，机器人从不同姿态运动到目标位姿停止后测量，重复操作 10 次以上。

测试的目标位姿和随机位姿都是在一个有效执行过的模拟管道喷涂

轨迹中随机选取的。为提高测试效率,在机器人控制系统软件中增加了两个命令按钮。其中,"到达目标点"按钮命令机器人到达设定的关节位姿,"到达任意位置"按钮命令机器人到达设定的随机位姿。

测试时,先选取并在机器人控制软件后台设定好目标位姿以及随机位姿序列;机器人关节 H_4—H_6,J_2—J_6 回零操作后,按下"到达目标点"按钮,机器人运行到待测量位姿;将测量臂可靠支撑到待测点附近(要妥善放置测量臂,防止机器人运动时发生碰撞),启动 PC-Dims 测量软件,分别移动机器人 X 平台和 Y 平台,用测量臂点测机器人曲臂上某个就近的标志点,并根据这些测点,将测量臂的坐标系建立到曲臂上;在主控软件中单击"到达任意位置"按钮,机器人末端运行到随机位置序列的第 1点;上一步的运行停止后,单击"到达目标点"按钮,机器人运行到待测量位姿;上一步的运行停止后,用测量臂测头点测喷枪背部的测量基准点,在 PC-Dims 软件中记录点坐标;最后重复第四步操作,直到完成设定点数的测量。分别对应伸缩臂的不同伸长量,共测量了 3 组末端坐标。

在伸缩臂伸出长度为 336 mm 测得第 1 组数据(见图 4.28),"◆"点为测量点。

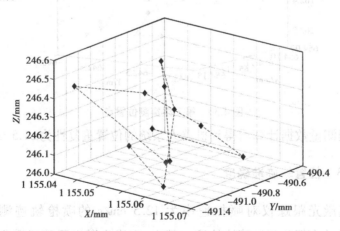

图 4.28　第 1 组实测位置点

在伸缩臂伸出长度为 1 138 mm 测得第 2 组数据(见图 4.29),"◆"点为测量点。

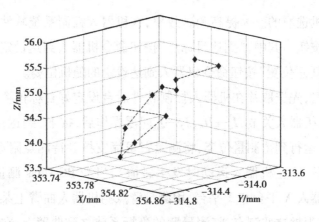

图 4.29　第 2 组实测位置点

在伸缩臂伸出长度为 1 927 mm 测得第 3 组数据(见图 4.30),"◆"点为测量点。

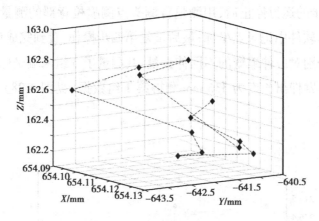

图 4.30　第 3 组实测位置点

利用测量数据计算后得到机器人系统的位置重复性为±1.5 mm。

4.3.3　位置轨迹准确度

采用激光跟踪仪对喷扫速率为 12.5 cm/s 的喷枪轨迹测量。如图 4.31所示为部分测量喷枪轨迹。其中,实线为激光跟踪仪采集的机器人轨迹,"+"为指令轨迹点。"○"点为激光跟踪仪采集的与指令轨迹点对应的实际轨迹点。利用测量数据计算后得到喷枪轨迹的平均位置轨迹准确度为±6.8 mm。

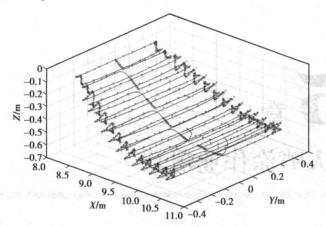

图 4.31　指令轨迹与实际轨迹

第 **5** 章
机器人喷涂作业规划

采用冗余机器人喷涂臂深入曲管内部空间喷涂内壁厚涂层,其运动规划是一个需要解决的关键问题。运动规划是曲管冗余机器人设计、作业和控制的关键理论与技术,包括喷涂作业规划和关节运动规划。喷涂作业规划包括喷扫路径规划和喷扫速率规划,可直接决定喷枪的位置、姿态和速度,不仅影响机器人机构构型,而且直接影响曲管厚涂层均匀性,是关节运动规划的前提。喷涂作业规划是在曲管坐标系下完成,以曲管厚涂层均匀性为优化目标,同时也应满足喷枪速度和加速度等约束条件。按照确定的喷扫路径和喷扫移动速率规划结果,并根据喷枪与曲管工件的位姿关系,通过坐标变换计算即可确定喷枪对曲管内壁的运动轨迹。

5.1 涂层均匀性的基本影响因素

5.1.1 涂层性能的关键指标

涂层性能是涂料性能、喷涂施工质量和喷涂管理水平的综合反映。

涂层性能指标很多,包括涂层附着力、厚度均匀性、硬度、柔韧性、耐冲击性、耐水性、耐热性、耐湿热性、耐候性、耐磨性及抗老化性能等。不同的产品和使用场合,对涂层质量指标有不同的要求。喷涂典型曲管时,在涂层性能中最关键的技术指标是涂层厚度均匀性和涂层附着力。

涂层均匀性不仅对确保典型曲管性能具有重要意义,也对减轻涂层质量、节约涂料、减少喷涂污染和提高生产效率都具有重要意义。涂层厚度均匀性差,可能造成常见的涂装缺陷,如流挂、漆层过薄或过厚、露底色等。中间涂层太薄不能保证功能层的有效性,中间涂层过厚,则将增大涂层质量,造成大量涂料浪费和环境污染,增加了成本。统计显示,采用同样设备喷涂时,是否精确控制膜厚所需要的涂料用量相差 25% 以上。涂层过厚,还可能增加喷涂时间和涂层的干燥时间,增加车间能耗,降低生产效率。

涂层附着力不仅对确保涂层性能具有关键作用,也影响涂层使用寿命。若涂层开裂脱落,不仅影响外观,而且会使功能涂层失效。若涂层开裂脱落,不仅曲管性能降低,而且会对后方装置造成致命的安全隐患。涂层附着力的大小取决于两个关键因素:一是涂层与工件表面的结合力;二是涂装施工质量,尤其是表面处理质量。涂层附着力关键取决于涂料中能与工件表面极性基作用的极性基团的多少和极性强弱。当底漆、涂料和表面处理方法确定以后,涂层附着力无法通过其他喷涂工艺参数的改变获得较大的提高。只有正确选择底漆、中间涂层涂料和表面处理方法,确保喷涂施工质量,才能保证足够的涂层附着力。

因此,衡量喷涂工艺质量的关键指标只有与喷涂工艺密切相关的涂层厚度均匀性,可用涂层均匀性来衡量涂层质量。涂层均匀性是优化曲管喷涂工艺的目标。

涂层均匀性的影响因素很多,并且与涂层均匀性的关系非常复杂。影响因素不仅包括喷涂工件特性、涂料性能、喷枪喷涂模型、喷涂基本参数及喷扫路径参数,还包括不同批次涂料的固体分含量变化、调漆操作、喷涂前的涂料存放以及系统是否能实施有效的涂料搅拌和循环等[117]。

喷涂工件特性包括形状、尺寸和温度等。涂料性能包括固体分含量、温度和黏度等。喷涂基本参数包括喷涂距离、喷涂角度、喷扫速率及涂料压力等。喷扫路径参数包括重叠宽度和初始路径等。

要提高中间涂层均匀性，必须严格控制和合理利用其主要影响因素。全面研究喷涂基本参数与涂层均匀性的关系，可分析出喷涂基本参数中影响涂层均匀性的主要因素，找出控制涂层均匀性的方法。目前，缺少喷涂基本参数对涂层均匀性影响的全面定量研究，必须对喷涂基本参数与涂层均匀性的关系深入研究。喷涂基本参数对涂层均匀性的影响通过其对涂层平均厚度的影响来研究。

5.1.2 均匀性评价目标函数

涂层厚度均匀性常用评价目标函数为厚度方差[7-8]，此外也采用归一化厚度方差[16]、平均绝对偏差、平均相对偏差或最大偏差[118]。厚度方差是喷涂工件表面上各点的涂层厚度与涂层平均厚度之差平方和的算术平均值。归一化方差是对厚度方差归一化而得到的一个无量纲方差，即以工件表面上各点的涂层厚度与涂层平均厚度之比作为变量。平均绝对偏差是喷涂工件表面上各点的涂层厚度与涂层平均厚度之差的绝对值的算术平均值。平均相对偏差是平均绝对偏差与涂层平均厚度的百分比。最大偏差是指各点涂层厚度与涂层设计厚度或涂层平均厚度差值的绝对值的最大值。平均绝对偏差、平均相对偏差和最大偏差具有较强的直观性，通常用于生产中的涂层厚度均匀性检测。

厚度方差、归一化方差、平均绝对偏差及平均相对偏差能反映出涂层厚度的总体均匀程度。虽然厚度方差和归一化方差的计算比平均绝对偏差和平均相对偏差复杂一点，但其平方加权能更多地反映涂层中厚度偏差较大部分的影响，因此在衡量一组数据波动的"能力"上，方差更强些，是目前理论研究最科学和最常使用的厚度均匀性评价指标。平均相对偏差作为企业生产检验的涂层均匀性指标较实用，它不仅反映了涂层厚度的全局均匀程度，而且计算相对简单；不仅适用于薄涂层，也适用于厚涂层;此外,还比较直观地反映了涂层均匀性。最大偏差表示涂层均匀性具有简单和直观的特点,但只反映了涂层中厚度最不均匀的局部地方。

5.1.3　均匀性的基本影响因素

(1)涂料压力的影响

涂料雾化系统无论采用气压罐还是涂料泵输送涂料到喷枪,喷枪处的压力波动都将影响喷嘴的涂料流量。两者之间的影响关系可用小孔流量公式[119]表示为

$$Q = C_q A \sqrt{\frac{2P}{\rho}} \tag{5.1}$$

式中　Q——喷枪(喷嘴)的涂料流量;

$\quad\quad C_q$——流量系数;

$\quad\quad A$——喷嘴横截面的面积;

$\quad\quad P$——喷嘴的压力;

$\quad\quad \rho$——涂料密度。

涂着效率主要受喷涂距离和工件形状影响,当喷枪流量有微小变化时,可认为涂着效率 η 是一常数。因此,涂层平均厚度与喷枪流量成正比。若涂层平均厚度变化率为 $\xi(\xi>0)$,而喷嘴压力变化 $\Delta P(\Delta P>0)$ 时,应满足

$$\xi = \left| \frac{C_q A \sqrt{\dfrac{2P}{\rho}} - C_q A \sqrt{\dfrac{2(P \pm \Delta P)}{\rho}}}{C_q A \sqrt{\dfrac{2P}{\rho}}} \right| \tag{5.2}$$

$$\frac{\Delta P}{P} = 2\xi \pm \xi^2 \tag{5.3}$$

因 ξ 是一个微小量,ξ^2 相对于 ξ 可忽略不计,式(5.3)可简化为

$$\xi = \frac{\Delta P}{2P} \tag{5.4}$$

由式(5.4)可知,涂层平均厚度变化率与波动压力成正比关系。一般

的喷涂工程设计对涂层厚度变化控制要求不高,通常只要求控制压力波动小于 0.035 MPa。LVMP 自动喷枪处的涂料压力约为 0.1 MPa,当要求涂层厚度变化不超过 1% 时,也就是涂料流量变化不超过 1%,要求喷枪喷嘴的压力变化不超过 0.002 MPa。

利用涂料雾化系统进行涂料压力波动实验,测试试剂为醇酸稀料,压力波动测试数据见表 5.1。因此,ξ 约为 0.5%,涂层厚度变化极小。

表 5.1 调压器压力波动

试剂黏度 /s	喷枪压力 / MPa	涂料泵压力 / MPa	调压器压力 / MPa	波动压力 / MPa
12	0.10	0.65	0.25	≯0.001

由于喷枪在曲管内表面需喷涂多次,涂料流量波动量极小,且压力波动具有随机性,因此可不考虑压力波动的影响。

(2)喷扫速率的影响

喷扫速率是喷幅中心的速率。喷涂作业时,喷扫速率过小,形成的涂层厚,易产生流挂;喷扫速率过大,形成的涂层薄,易产生漏底缺陷。

假定喷枪在一平板上稳定喷涂,喷扫速率为 V,喷枪涂料流量为 Q,涂料的固体分体积含量为 ζ,涂料的涂着效率为 η,喷枪的喷幅宽度为 W,涂层的平均厚度为 $\overline{H}$,则在时间 t 内这些参数满足

$$\overline{H} \times W \times V \times t = Q \times \eta \times \zeta \times t \tag{5.5}$$

$$\overline{H} = \frac{Q\eta\zeta}{WV} \tag{5.6}$$

由于喷涂时影响涂着效率的关键因素喷涂距离不变,因此,即使喷扫速率有微小变化时,也可认为涂着效率 η 是一常数。此外,假设喷枪涂料流量 Q 不变。涂层的平均厚度变化率为

$$\frac{\mathrm{d}\overline{H}}{\mathrm{d}V} = -\frac{Q\eta\zeta}{WV^2} \tag{5.7}$$

涂层平均厚度的相对变化率 $\varepsilon = \left| \dfrac{\mathrm{d}\overline{H}}{\mathrm{d}V} \Big/ \overline{H} \right| \times 100\%$ 为

$$\varepsilon = \frac{1}{V} \times 100\% \qquad (5.8)$$

由式(5.7)可知,涂层平均厚度变化率与喷扫速率的平方成反比。由式(5.8)可知,涂层平均厚度的相对变化率与喷扫速率成反比。喷扫速率越大,涂层平均厚度变化率和相对变化率越小。当设定的喷扫速率为 12.5 cm/s 时,涂层平均厚度的相对变化率 ε 是 8%/(cm/s)。当设定的喷扫速率为 30 cm/s 时,涂层平均厚度的相对变化率 ε 是 3.3%/(cm/s)。采用较大的喷扫速率,可减小喷扫速率变化对涂层厚度变化的影响。

优化后的涂料喷涂工艺参数组中喷扫速率为 12.5 cm/s,喷扫速率变化对涂层厚度有较大影响,应优化控制参数,减小喷扫速率的跟踪误差,提高轨迹速度准确度。

(3)喷涂距离的影响

喷涂距离是在喷枪轴线方向上喷枪喷嘴与喷幅中心之间的距离。一般情况下,大型喷枪喷涂时采用的喷涂距离为 20~30 cm,小型喷枪喷涂时采用的喷涂距离为 15~25 cm。喷涂规则表面时,喷涂距离恒定是保证涂层厚度均匀性的重要条件之一。

喷涂距离将影响涂层厚度与涂着效率[114]。相同条件下,喷涂距离短则涂层厚,涂着效率高;喷涂距离长则涂层薄,涂着效率低。喷涂距离过短,形成的涂层过厚,易产生流挂;喷涂距离过远,则涂料飞散多,且喷雾粒子在空气中运动时间长,稀释剂和其他溶剂挥发过多,会造成涂层表面粗糙,涂料浪费大。

利用曲管喷涂机器人系统进行喷涂距离变化对涂层平均厚度影响的实验,喷扫速率为 20 cm/s,涂层平均厚度 $\overline{H}$ 与喷涂距离 L_a 关系如图 5.1 所示。其中,"·"点为测量点。随着喷涂距离的增大,涂层平均厚度几乎按线性规律降低。喷涂距离从 18.0 cm 变化到 17.0 cm 时,涂层平均厚度的相对变化率约为 7.5%;喷涂距离从 17.0 cm 变化到 16.0 cm 时,涂层平均厚度的相对变化率约为 4.0%；喷涂距离从 16.0 cm 变化到 15.0 cm 时涂层平均厚度的相对变化率约为 9.0%。因此，喷涂距离对涂层厚度影响较大。

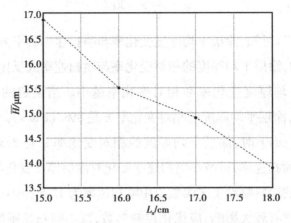

图 5.1　涂层平均厚度与喷涂距离关系

由于曲管喷涂机器人控制的喷涂距离误差较大，系统喷涂距离误差对涂层均匀性有较大影响，因此，应优化控制参数，减小喷枪轨迹的跟踪误差，提高动态精度。

（4）喷涂角度的影响

喷涂角度采用定轴欧拉角表示法中的滚转角 φ、俯仰角 θ 和偏摆角 ψ 表示。

当喷枪喷涂平面时，按图 5.2（a）中坐标系确定喷枪的 φ,θ 和 ψ，当 φ,θ 和 ψ 都为 0°时，喷枪速度方向与 Z 轴方向相同，喷涂平面法线与 X 轴平行。当 $\psi=0$°时，喷枪轴线和喷涂平面法线确定的平面与喷枪速度方向之间的关系为平行和垂直两种情况。图 5.2（a）中，$\theta>0$°，$\varphi=0$°；图 5.2（b）中，$\theta<0$°，$\varphi=0$°；图 5.2（c）中，$\theta=0$°，$\varphi>0$°；图 5.2（d）中，$\theta=0$°，$\varphi<0$°。

利用涂料雾化系统实验测定涂层平均厚度 $\overline{H}$ 与喷涂夹角的关系，由于图 5.2 中（c）和（d）的喷涂本质是完全一样的，因此只按图 5.2（c）情况做实验。

当 $\varphi=0°$ 且 $\psi=0°$ 时,涂层平均厚度 $\overline{H}$ 与 θ 的关系如图 5.3 所示。其中,"·"点为测量点。当 θ 变化很大时,与 $\theta=0°$ 的涂层厚度相比 $\overline{H}$ 变化很大:如 $\theta=-45°$ 时,涂层厚度相对偏差高达 31%;$\theta=45°$ 时,涂层厚度相对偏差高达 22.5%。但当 θ 变化较小时,与 $\theta=0°$ 的涂层厚度相比 $\overline{H}$ 变化很小:如 $\theta=-15°$ 时,涂层厚度相对偏差仅为 5%;$\theta=15°$ 时,涂层厚度相对偏差仅为 5.5%。由于机器人喷涂时 θ 变化很小,因此可不考虑 θ 变化导致的涂层厚度变化。

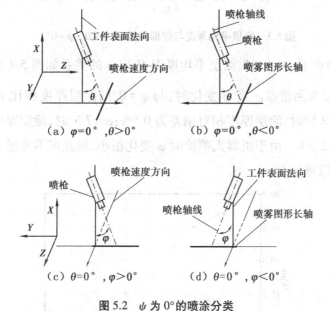

图 5.2　ψ 为 0° 的喷涂分类

从图 5.3 数据可知,喷枪轴线与喷涂平面法线之间存在俯仰角 θ,θ 变化会导致涂层平均厚度变化,夹角越大,涂层平均厚度越薄,相对偏差越大。如果喷涂平面时,$\varphi=0°$,$\psi=0°$,在喷枪轴线与平面法线确定的平面内喷枪呈圆弧状轨迹运行,则喷涂距离和喷涂角度在不断变化,在喷枪轴线与平面法线确定平面内的涂层中部与两端将产生明显差别,即中间最厚,到两端逐渐变薄。在其他工艺参数相同的情况,要保证单遍喷涂平均涂层最厚、减少喷涂遍数、提高涂层均匀性和提高涂料利用率,应尽量使喷枪轴线在喷涂工件表面法线方向上喷涂。

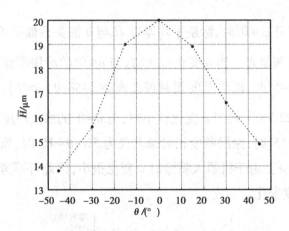

图 5.3　涂层平均厚度与俯仰角关系($\varphi=0°,\psi=0°$)

当 $\theta=0°$ 且 $\psi=0°$ 时,涂层平均厚度 $\overline{H}$ 与 φ 的关系如图 5.4 所示。其中,"·"点为测量点。当 φ 变化时,与 $\varphi=0°$ 的涂层厚度相比 $\overline{H}$ 变化很小:如 $\varphi=2.5°$ 时,涂层厚度相对偏差为 0.5%;$\varphi=7.5°$ 时,涂层厚度相对偏差也仅为 2.5%。由于机器人喷涂时 φ 变化很小,因此可不考虑 φ 变化导致的涂层厚度变化。

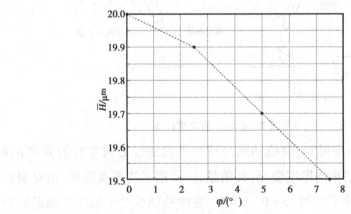

图 5.4　涂层平均厚度与滚转角关系($\psi=0°,\theta=0°$)

当 $\theta=0°$ 和 $\varphi=0°$,喷雾图形长轴与喷枪速度方向不垂直时,即 $\psi\neq0°$ 时,喷涂情况如图 5.5 所示。在其他喷涂条件不变时喷雾图形不变,若 $\psi=0°$ 时的涂层平均厚度为 $\overline{H}_{\psi0}$,ψ 为任意角度时的涂层平均厚度为 $\overline{H}_{\psi}$,

则 $\overline{H}_{\psi}$ 和 $\overline{H}_{\psi0}$ 关系为

$$\overline{H}_{\psi} = \frac{\overline{H}_{\psi0}}{\cos\psi} \qquad (5.9)$$

由于实际喷涂行程的喷幅宽度变窄,随着 ψ 增大,从式(5.9)可知涂层平均厚度将增厚,且 ψ 较小时在涂层平均厚度的变化较缓慢。例如,$\psi = 2°$ 时,$\overline{H}_{\psi}/\overline{H}_{\psi0} = 1.000\ 6$;$\psi = 4°$ 时,$\overline{H}_{\psi}/\overline{H}_{\psi0} = 1.002\ 4$。由于机器人喷涂时 ψ 变化很小,因此可不考虑 ψ 变化导致的涂层厚度变化。

由于机器人实际喷涂时喷涂角度的跟踪误差很小,喷涂角度的较小变化对涂层均匀性的影响很小,因此,研究涂层匀匀性时可不考虑喷涂角度变化导致的涂层厚度变化。对于工件表面一些形状特殊的地方,由于喷涂机器人结构和控制限制而适当改变喷涂角度作业,不会造成涂层均匀性的较大变化。

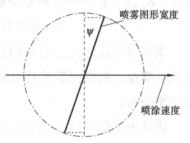

图 5.5 　θ 和 φ 为 0° 的喷涂示意图

(5)喷枪位姿误差和速度误差随机性的影响

影响机器人机构精度的主要因素有机械零件、部件的制造误差,整机装配误差,机器人连杆(特别是长连杆)和关节产生变形,控制系统误差(如插补误差、伺服系统误差、检测元器件误差)和传动机构的间隙等[120]。这些因素导致喷枪位姿误差和速度误差,这两种误差都由系统误差和随机误差构成。

曲管冗余喷涂机器人有 14 个自由度,引起原始误差的因素多,这些误差必然带有随机性而导致喷枪位姿误差和速度误差的随机性。根据误差理论,当原始误差数目较多,相互独立且都微小,不论属于何种概率分布,它们的合成分布都近似正态分布,并以正态分布为极限[121]。因此,机器人末端喷枪所产生的随机位姿误差和随机速度误差为近似正态分布。

喷枪位姿误差δ_P具有 6 个分量

$$\delta_P = \{\delta_X, \delta_Y, \delta_Z, \delta_\varphi, \delta_\theta, \delta_\psi\} \tag{5.10}$$

式中　$\delta_X, \delta_Y, \delta_Z$——喷枪在坐标系中 X, Y 和 Z 3 个方向的位置误差;

　　　$\delta_\varphi, \delta_\theta, \delta_\psi$——喷枪在坐标系中的滚转角误差、俯仰角误差和偏摆角误差。

这些误差都含有服从正态分布的随机误差。

喷枪速度误差δ_V具有的 3 个分量

$$\delta_V = \{\delta_{V_x}, \delta_{V_Y}, \delta_{V_Z}\} \tag{5.11}$$

式中　$\delta_{V_x}, \delta_{V_Y}, \delta_{V_Z}$——喷枪在坐标系中 X, Y 和 Z 3 个方向的速度误差分量,都含有服从正态分布的随机误差。

误差理论认为正态分布的合成分布也呈正态分布[121]。因此,机器人末端喷枪的随机位姿误差和速度误差所造成的涂层厚度随机误差为近似正态分布。

服从正态分布的涂层厚度随机误差具有界性、对称性、单峰性及抵偿性。涂层厚度随机误差的抵偿性表明,对曲管多遍喷涂后,由于涂层绝对值相等的正负误差出现的次数基本相等,它们可相互抵消,误差的算术平均值随着喷涂次数的增加而减小,最终涂层体现出来的误差主要是系统误差。

在其他实验参数相同条件下,利用涂料雾化系统进行重复喷涂 4 遍和 18 遍实验。表 5.2 的分析数据表明,喷涂 18 遍的涂层平均相对偏差、最大正相对偏差和最大负相对偏差都比喷涂 4 遍小很多,尤其是最大相对偏差的差值减小 5.5%,这证明随着喷涂次数增加,随机误差的影响大大减小,涂层均匀性提高。

表 5.2　随机误差对涂层厚度的影响

喷涂遍数	平均涂层厚度/μm	最大正相对偏差/%	最大负相对偏差/%	平均相对偏差/%
4	118	14.1	13.8	7.8
18	546	6.6	8.6	3.3

因此,在确定了喷涂基本参数后,多遍喷涂涂层均匀性的根本影响因素是喷涂机器人的系统误差和喷扫路径参数,减小喷涂机器人的系统误差和优化喷扫路径参数是提高涂层均匀性的根本途径。其中,喷涂距离误差和喷扫速率误差又是系统误差中影响涂层均匀性的主要因素。

5.1.4　提高涂层均匀性的基本方法

多遍喷涂能大大减小随机误差对均匀性的影响,采用多遍喷涂能提高涂层均匀性。在确定了喷涂基本参数后,多遍喷涂涂层均匀性的根本影响因素是喷涂机器人的系统误差和喷扫路径参数。因此,减小喷涂机器人的系统误差和优化喷扫路径参数是提高涂层均匀性的根本途径。

喷扫速率和喷涂距离是影响涂层平均厚度的主要参数,喷涂压力波动和喷涂角度是影响涂层平均厚度的次要参数。因此,要提高涂层均匀性应优化控制来重点减小喷扫速率误差和喷涂距离误差。

涂层平均厚度变化率与喷扫速率的平方成反比,涂层平均厚度的相对变化率与喷扫速率成反比,在相同的喷扫速率绝对波动量情况下,喷扫速率越高,涂层平均厚度变化越小。因此,在喷扫速率绝对波动量不易减小的情况下,可通过提高喷扫速率来提高涂层均匀性。

喷扫速率、喷涂距离和喷涂角度的变化都会导致涂层平均厚度的变化,使涂层平均厚度变薄或变厚。因此,可通过这3个参数的优化组合实现涂层平均厚度变化的抵消,或其中某个参数的改变实现涂层平均厚度变化为零或很小,从而达到提高涂层均匀性的目的。在狭窄空间内喷涂时,若喷涂距离受到限制必须小于设定喷涂距离,可通过提高喷扫速率和(或)改变喷涂角度来提高涂层均匀性。同样,狭窄空间的喷扫速率受到限制,可通过增大喷涂距离和(或)改变喷涂角度来提高涂层均匀性。为解决结构原因导致部分区域涂层厚度过厚的问题,在优化组合喷涂参数中,最简单的方法是变速率喷涂。

5.2　喷涂作业路径规划

根据喷涂作业规划的基本准则要求喷枪轴线应垂直于被喷涂平面或在被喷涂曲面的法线方向上,喷涂距离为常量。为便于分析喷涂作业规划对涂层均匀性的影响,将涂层均匀性分为横向均匀性和纵向均匀性,横向均匀性是指沿着喷枪开枪喷涂运动方向的涂层均匀性,主要由喷扫速率和工件形面决定。喷扫速率是指喷锥上喷枪轴线与工件形面的相交点的速率,喷涂平面采用恒定喷扫速率时涂层横向均匀性最佳。纵向均匀性是指垂直于喷枪开枪喷涂运动方向的涂层均匀性,主要由喷扫路径之间的位置关系和工件形面决定。由于工件形面是无法改变的,因此提出从喷扫路径和喷扫速率研究喷涂作业规划,以提高机器人喷涂曲管的涂层均匀性。

5.2.1　单遍喷涂喷扫路径规划

(1)喷枪喷涂方法

喷雾图形搭接是指喷涂时相邻喷扫路径所形成的喷雾图形之间的部分重叠。喷枪喷出的喷束呈锥形射向工件表面,采用喷枪轴线垂直于平面喷涂,喷雾图形中部漆膜较厚,边缘较薄,相邻喷扫路径所形成的喷雾图形应相互搭接,才能使涂层均匀一致。目前,喷枪喷涂工艺方法有纵行喷涂法、横行喷涂法和纵横交替法。纵行喷涂法是喷枪纵向运动,用后一喷涂行程压住前一喷涂行程的部分喷涂涂层,以使涂层的厚薄一致。当喷完一个面时再顺序喷涂另一个面。横行喷涂法是喷枪横向运动,用后一喷涂行程压住前一喷涂行程的部分喷涂涂层,以使涂层的厚薄一致。纵横交替法是先纵行喷涂一遍,再横行喷涂一遍,或先横行喷涂一遍,再纵行喷涂一遍。

手工喷涂曲管具有较强的灵活性,手工喷涂采用纵行喷涂法、横行喷涂法和纵横交替法都是可行的,但机器人喷涂则要受到曲管和机器人结构和功能的限制。传统大直径直管道内喷涂常采用喷枪沿管道轴线匀速直线运动,而管道绕其自身轴线匀速转动。因为曲管为变截面和 S 形,即使能绕自身中心线旋转,管壁与喷枪之间距离也将显著变化,喷枪也不能在整个管道内匀速直线运动,故这种方法不适于喷涂曲管。因此,提出模仿人手持喷枪,手臂伸入曲管内喷涂,采用机械臂伸入被固定的曲管内喷涂。

曲管机器人采用纵行喷涂法是指曲管静止不动,喷枪沿着管道中心线方向运动对内壁搭接喷涂。机器人喷涂曲管不仅需要能无碰撞灵活运动,而且需要满足速度和加速度约束要求。曲管长度及安装空间的约束造成机械臂伸缩长度很大,不小于 6 m。采用纵行喷涂法有两个弊端:一是喷枪从静止加速到喷涂需要的较高速度需要一定的加速距离,喷枪从喷涂需要的较高速度减速到静止也需要一定的减速距离,这段加速距离和减速距离必然在喷涂区域以外,将增大机器人的操作空间,机械臂长度进一步增大,设计难度增大,控制难度增大;二是不仅连接喷枪的质量较大的手腕部分需要以较高速度和加速度驱动,而且质量更大的手臂部分也需要以较高速度和加速度驱动,这将造成机器人伸缩臂由于必须配备较大功率和结构尺寸的电机,并保证足够的横向和纵向刚度而不能伸进曲管足够的深度,喷枪无法从曲管出口端伸入喷涂完整根曲管。

机器人喷涂采用横行喷涂法是指曲管静止不动,喷枪沿着规划的管道周向曲线对内壁搭接喷涂。横行喷涂法作业时,只依靠离喷枪最近的几个关节运动实现,对伸缩臂速度和加速度要求不高,完全可避免采用纵行喷涂法或纵横交替法的弊端,因此更合理可行。

机器人采用横行喷涂法喷涂曲管,在喷枪开枪喷涂期间,喷枪运动轨迹方式有两种:螺旋式和周向式。

螺旋式轨迹喷涂是指以曲管内壁上的螺旋线或螺旋线的部分曲线段为喷幅中心轨迹喷涂曲管。喷枪按螺旋线路径方式运动,喷枪能一次开枪后涂装完需要喷涂的单个区域一遍。喷枪运动路径在曲管圆筒形部分为标准的螺纹线,而在非圆筒形部分是普通螺旋线。这种方法的优点是效率高,不需要考虑周向搭接,但需要喷枪能绕自身驱动轴轴线任意角度连续旋转,难以实现合理布置机械结构和喷涂管路,因此不能用于机器人喷涂曲管。

周向式轨迹喷涂是指用间隔一定距离的竖直横截面或与曲管中心线垂直的横截面,与曲管内表面相交得到一系列截面线,以这些截面线为喷幅中心轨迹依次喷涂曲管。曲管截面线有圆形、近似矩形、不规则矩形和其他形状。在每条喷幅中心轨迹上喷枪都需要一次开枪和关枪操作。这种方法的缺点是效率相对较低,需要考虑周向搭接,但不需要喷枪能绕自身驱动轴轴线任意角度连续旋转,只需转动适当大于 360°即可,易于机械结构和喷涂管路的布置。因此,周向式轨迹喷涂用于机器人喷涂曲管是可行的。

因此,曲管涂料涂装采用横行喷涂法和周向式轨迹喷涂。

由于喷涂机器人机械结构功能的限制,尤其是喷枪不能任意角度旋转,因此,喷涂曲管内壁采用如图 5.6 所示的横行断续轨迹喷涂。它是指用间隔一定距离的竖直横截面或与曲管中心线垂直的横截面,与曲管内表面相交得到一系列截面线,如图 5.6 中的 A_1,A_2 和 A_3,以这些截面线为喷幅中心轨迹依次喷涂内壁。曲管截面线有圆形、近似矩形、不规则矩形和其他形状。在每条喷幅中心轨迹上喷枪都需要一次开枪和关枪操作。

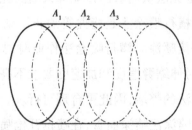

A_1　A_2　A_3

图 5.6　单遍喷涂喷扫路径示意图

(2)喷枪喷涂模型

采用通过建立喷枪喷涂模型,以此为基础结合理论分析研究,将大大降低研究费用和节约时间,同时也能为以后改变工艺参数提供理论依据。

由于喷枪喷涂模型和喷涂过程模拟非常复杂,建立准确的理论模型极其困难。因此,为简化问题可通过在平面上的直线喷涂行程实验得到喷枪喷涂模型,然后以此涂层厚度分布轮廓来模拟喷涂过程。只要喷枪设置和喷涂参数不变或变化较小,没有造成喷枪喷涂模型的明显改变,那么,就可用来模拟和分析不太复杂表面的喷涂以及喷扫路径对涂层均匀性的影响。

涂层均匀性理论分析涉及多因素问题,包括喷涂模型中的涂层最大厚度、喷幅宽度、重叠宽度、喷涂工件宽度及初始路径等,用其计算各种情况的涂层平均厚度及厚度方差等极其复杂,不便于揭示喷涂内在规律。

量纲分析是在物理领域中建立数学模型的一种方法,是在经验和实验的基础上,利用物理定律的量纲齐次性原则,确定各物理量之间的关系[122]。量纲齐次性原则是指用数学公式表示一个物理定律时,等式两端必须保持量纲一致。量纲分析方法的基本原理是 Π 定理,即任一物理过程包含有 i 个有量纲的物理量,如果选择其中的 j 个作为基本物理量,则这一物理过程可由 i 个物理量组成的 $i-j$ 个无量纲量所组成的关系式描述,因这些无量纲数是用 Π 表示的,故称为 Π 定理[123]。无量纲量既无量纲又无单位,因此其数值大小与所选单位无关,即无论选择什么单位制计算,其结果总是相同的。无量纲量具有数值的特性,可以通过两个量纲相同的物理量相除得到,但这大大简化了对问题的描述和内在规律的揭示[124]。无量纲参数图可指导如何组织实验、简化实验、整理实验成果,可使实验工作量大为减少。因此,采用无量纲参数研究喷涂的涂层均匀性。

研究者进行了各种各样的理论和实验研究来确定和预测喷雾图形的涂层厚度分布。抛物线分布模型与空气喷涂的实验结果比较吻合,便于计算,得到较多认可和应用。抛物线分布模型与 β 分布模型具有一致性,$\beta = 2$ 时的模型即为抛物线分布模型。β 分布模型为

$$T(X) = T_{\max} \left(1 - \frac{4X^2}{W^2} \right)^{\beta-1} \tag{5.12}$$

式中　T——任意一点涂层厚度;

　　　$T_{\max}$——最大厚度;

W——喷幅宽度;

X——在喷幅宽度方向上以喷幅中心为原点测量的距离,$-\dfrac{W}{2} \leqslant$

$X \leqslant \dfrac{W}{2}$。

平面喷涂抛物线模型可描述为

$$H(X) = H_{\max}\left(1 - \frac{4X^2}{W^2}\right) \tag{5.13}$$

抛物线模型公式涉及 $H, H_{\max}, W, X$ 4 个有量纲参数,用来计算各种情况下的涂层平均厚度和厚度方差等非常复杂,不便于揭示喷涂搭接和交错的内在规律。因此,将式(5.13)无量纲化处理,则

$$h(x) = \frac{H(x)}{H_{\max}} \tag{5.14}$$

$$x = \frac{X}{W} \tag{5.15}$$

$$h(x) = 1 - 4x^2 \tag{5.16}$$

式中,$0 \leqslant h(x) \leqslant 1$;$-\dfrac{1}{2} \leqslant x \leqslant \dfrac{1}{2}$。

涂层均匀性评价函数采用理论研究最科学和最常使用的厚度方差。在矩形平面喷涂时,喷扫路径相互平行,垂直于轨迹方向上的涂层截面具有相同的轮廓,因此带量纲涂层厚度方差 γ 可表示为

$$\gamma = \frac{1}{L}\int_L (H(\alpha, X, Y) - \overline{H}(\alpha))^2 \mathrm{d}L \tag{5.17}$$

式中 L——喷涂工件的带量纲宽度;

α——喷扫路径。

对式(5.17)无量纲化处理,则

$$l = \frac{L}{W} \tag{5.18}$$

$$h(\alpha, x, y) = \frac{H(\alpha, X, Y)}{H_{\max}} \tag{5.19}$$

$$\overline{h}(\alpha) = \frac{\overline{H}(\alpha,X,Y)}{H_{\max}} \tag{5.20}$$

$$v = \frac{1}{l}\int_l (h(\alpha,x,y) - \overline{h}(\alpha))^2 \mathrm{d}l \tag{5.21}$$

式中　v——无量纲化涂层厚度方差。

（3）单遍喷涂涂层均匀性分析

如图 5.7 所示为无量纲化处理的单遍喷涂模型。喷涂工件为粗实线表示的矩形平板,采用相同重叠宽度匀速喷涂,喷枪直线路径与矩形平板一条边平行。圆点线表示每个喷涂行程完成后在垂直于行程方向的截面上沉积的涂料厚度。通常情况下,可认为被喷表面上任意一点的涂层厚度是不同喷扫路径上该点产生涂层厚度的累积。假设每个行程在任一点的喷枪喷涂模型完全相同,每点的涂层厚度就等于各个喷涂行程在该点沉积的涂料厚度的算术叠加。d 为相邻喷涂行程的重叠宽度,各个行程采用相同的重叠宽度喷涂,涂层厚度呈周期性变化。为使问题简化,只考虑 1 个涂层厚度周期内的涂层均匀性,在 1 个厚度周期内的涂层平均厚度为

$$\overline{h} = \frac{2}{1-d}\left\{\int_0^{0.5-d} h(x)\,\mathrm{d}x + \int_{0.5-d}^{0.5-0.5d} [h(x) + h(x-1+d)]\,\mathrm{d}x\right\} \tag{5.22}$$

v 可计算为

$$v = \frac{2}{1-d}\left\{\int_0^{0.5-d} [h(x) - \overline{h}]^2\,\mathrm{d}x + \int_{0.5-d}^{0.5-0.5d} [h(x) + h(x-1+d) - \overline{h}]^2\,\mathrm{d}x\right\} \tag{5.23}$$

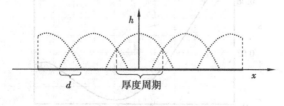

图 5.7　单遍喷涂模型

v 和 $\overline{h}$ 是 d 的函数,其函数表达式非常复杂,无法直接通过公式看出

v 和 $\bar{h}$ 同 d 的关系。对 d 采用相同网格数划分,通过数值计算可分析出 v 和 $\bar{h}$ 与 d 的关系。

$\bar{h}$ 和 d 的关系如图 5.8 所示,$\bar{h}$ 随 d 的增大而增大。

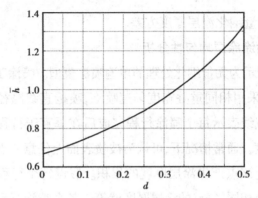

图 5.8 $\bar{h}$ 和 d 的关系图

当 $d = 0$ 时,$\bar{h}$ 取得最小值 2/3;当 $d = 0.3$ 时,$\bar{h}$ 为 0.952;当 $d = 0.5$ 时,$\bar{h}$ 取得最大值 4/3。

v 和 d 的关系如图 5.9 所示。v 先随 d 的增加而逐渐减小,当达到最小值后随 d 的增加而逐渐增大,最后又逐渐减小。d 取不同的值,计算得到的 v 值相差较大。例如,d 为 0 时,v 为 0.088 9;d 为 0.3 时,v 为 0.002 5。在 d 约为 0.3 时,v 取得最小值,涂层均匀性最好。

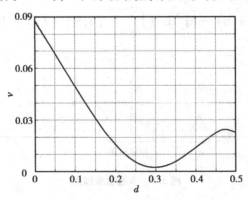

图 5.9 v 和 d 的关系图

（4）初始路径和工件宽度的影响

如图 5.10 所示为无量纲化处理后的考虑初始路径和工件宽度的喷涂模型。其中,粗实线表示作为喷涂工件的矩形平板的横截面。各喷涂行程采用相同重叠宽度匀速喷涂,喷枪行程与矩形平板横截面的法线方向一致。点线表示喷涂完成后在垂直于行程方向的截面上每个喷涂行程沉积的涂料厚度,每点的涂层厚度和等于各个喷涂行程在该点沉积的涂料厚度的算术叠加。喷涂工件的无量纲宽度为 l。d 为相邻喷涂行程的无量纲重叠宽度,$d \in [0,0.5]$。初始路径 g 为工件上第一个重叠区域中间点到工件相邻端面的无量纲距离。终喷路径距离 r 为工件上最后一个重叠区域中间点到工件相邻端面的无量纲距离。n 为

$$n = m\left(\frac{l-g}{1-d}\right) \tag{5.24}$$

式中　m——朝负数方向的舍入函数。

因此,r 为

$$r = l - g - n(1-d) \tag{5.25}$$

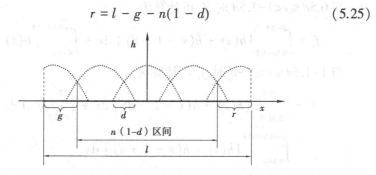

图 5.10　考虑初始路径和工件宽度的喷涂模型

涂层平均厚度可计算为

$$\bar{h} = \frac{1}{l}(f_n + f_g + f_r) \tag{5.26}$$

式中　f_g——在 $n(1-d)$ 区间左侧的涂层厚度和;

　　　f_r——在 $n(1-d)$ 区间右侧的涂层厚度之和;

　　　f_n——在 $n(1-d)$ 区间的涂层厚度和,可计算为

$$f_n = 2n \left\{ \int_0^{0.5-d} h(x) \, dx + \int_{0.5-d}^{0.5-0.5d} [h(x) + h(x - 1 + d)] \, dx \right\} \quad (5.27)$$

当 $0 \leqslant g < 0.5d$ 时，f_g 可计算为

$$f_g = \int_{0.5-0.5d-g}^{0.5-0.5d} [h(x) + h(x - 1 + d)] \, dx \quad (5.28)$$

当 $0.5d \leqslant g < 1 - 1.5d$ 时，f_g 可计算为

$$f_g = \int_{0.5-0.5d-g}^{0.5-d} h(x) \, dx + \int_{0.5-d}^{0.5-0.5d} [h(x) + h(x - 1 + d)] \, dx \quad (5.29)$$

当 $1 - 1.5d \leqslant g \leqslant 1 - d$ 时，f_g 可计算为

$$f_g = \int_{0.5-0.5d-g}^{d-0.5} [h(x) + h(x + 1 - d)] \, dx + \int_{d-0.5}^{0.5-d} h(x) \, dx +$$

$$\int_{0.5-d}^{0.5-0.5d} [h(x) + h(x - 1 + d)] \, dx \quad (5.30)$$

当 $0 \leqslant r < 0.5d$ 时，f_r 可计算为

$$f_r = \int_{0.5d-0.5}^{0.5d+r-0.5} [h(x) + h(x + 1 - d)] \, dx \quad (5.31)$$

当 $0.5d \leqslant r < 1 - 1.5d$ 时，f_r 可计算为

$$f_r = \int_{0.5d-0.5}^{d-0.5} [h(x) + h(x + 1 - d)] \, dx + \int_{d-0.5}^{r+0.5d-0.5} h(x) \, dx \quad (5.32)$$

当 $1 - 1.5d \leqslant r \leqslant 1 - d$ 时，f_r 可计算为

$$f_r = \int_{0.5d-0.5}^{d-0.5} [h(x) + h(x + 1 - d)] \, dx + \int_{d-0.5}^{0.5-d} h(x) \, dx +$$

$$\int_{0.5-d}^{r-0.5+0.5d} [h(x) + h(x - 1 + d)] \, dx \quad (5.33)$$

涂层均匀性评价函数 v 可分解为 3 部分计算，即

$$v = v_n + v_g + v_r \quad (5.34)$$

式中 $\quad v_n, v_g, v_r$ ——在 $n(1-d)$ 区间及其左侧和右侧部分对应贡献的方差值。

v_n 可计算为

$$v_n = \frac{2n}{l} \left\{ \int_0^{0.5-d} [h(x) - \overline{h}]^2 dx + \int_{0.5-d}^{0.5-0.5d} [h(x) + h(x - 1 + d) - \overline{h}]^2 dx \right\}$$

$$(5.35)$$

当 $0 \leqslant g < 0.5d$ 时，ν_{g} 可计算为

$$\nu_{\mathrm{g}} = \frac{1}{l} \int_{0.5-0.5d-g}^{0.5-0.5d} [h(x) + h(x-1+d) - \bar{h}]^2 \mathrm{d}x \qquad (5.36)$$

当 $0.5d \leqslant g < 1-1.5d$ 时，ν_{g} 可计算为

$$\nu_{\mathrm{g}} = \frac{1}{l} \left\{ \int_{0.5-0.5d-g}^{0.5-d} [h(x) - \bar{h}]^2 \mathrm{d}x + \int_{0.5-d}^{0.5-0.5d} [h(x) + h(x-1+d) - \bar{h}]^2 \mathrm{d}x \right\}$$

$$(5.37)$$

当 $1-1.5d \leqslant g \leqslant 1-d$ 时，ν_{g} 可计算为

$$\nu_{\mathrm{g}} = \frac{1}{l} \left\{ \int_{0.5-0.5d-g}^{d-0.5} [h(x) + h(x+1-d) - t\bar{h}]^2 \mathrm{d}x + \int_{d-0.5}^{0.5-d} [h(x) - \bar{h}]^2 \mathrm{d}x + \right.$$

$$\left. \int_{0.5-d}^{0.5-0.5d} [h(x) + h(x-1+d) - \bar{h}]^2 \mathrm{d}x \right\} \qquad (5.38)$$

当 $0 \leqslant r < 0.5d$ 时，ν_{r} 可计算为

$$\nu_{\mathrm{r}} = \frac{1}{l} \int_{0.5d-0.5}^{0.5d+r-0.5} [h(x) + h(x+1-d) - \bar{h}]^2 \mathrm{d}x \qquad (5.39)$$

当 $0.5d \leqslant r < 1-1.5d$ 时，ν_{r} 可计算为

$$\nu_{\mathrm{r}} = \frac{1}{l} \left\{ \int_{0.5d-0.5}^{d-0.5} [h(x) + h(x+1-d) - \bar{h}]^2 \mathrm{d}x + \int_{d-0.5}^{r+0.5d-0.5} [h(x) - \bar{h}]^2 \mathrm{d}x \right\}$$

$$(5.40)$$

当 $1-1.5d \leqslant r \leqslant 1-d$ 时，ν_{r} 可计算为

$$\nu_{\mathrm{r}} = \frac{1}{l} \left\{ \int_{0.5d-0.5}^{d-0.5} [h(x) + h(x+1-d) - \bar{h}]^2 \mathrm{d}x + \int_{d-0.5}^{0.5-d} [h(x) - \bar{h}]^2 \mathrm{d}x + \right.$$

$$\left. \int_{0.5-d}^{r-0.5+0.5d} [h(x) + h(x-1+d) - \bar{h}]^2 \mathrm{d}x \right\} \qquad (5.41)$$

ν 和 $\bar{h}$ 的函数非常复杂，无法直接利用公式看出 ν 和 $\bar{h}$ 同所有影响因素的关系。由式(5.24)和式(5.25)可确定 r，因此，ν 和 $\bar{h}$ 是 l,d 和 g 的函数。当 l 确定以后，ν 和 $\bar{h}$ 是 d 和 g 的函数。对 d 和 g 分别采用相同网格数划分，通过数值计算可分析出 $\nu,\bar{h}$ 与 d,g,l 的关系。

$\bar{h}$ 与 d,g 的关系如图 5.11 所示。其中，l 为 4。当 l 为其他值时，$\bar{h}$ 与

d 和 g 的关系与图 5.11 类似。当 d 为 0 时，$\bar{h}$ 取得最小值 0.666 7；当 d 为 0.5 时，$\bar{h}$ 取得最大值 1.333 3。$\bar{h}$ 的最小值和最大值与 g 和 l 的取值无关。

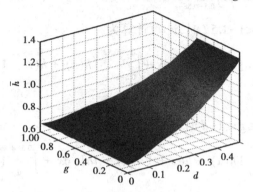

图 5.11　$\bar{h}$ 与 d,g 的关系图($l=4$)

当 l 不变，$g/(1-d)$ 为不同常量，得到一组类似的 $\bar{h}$ 和 d 的关系曲线，如图 5.12 所示。其中，l 为 4，g 为 $0.5(1-d)$。当 $g/(1-d)$ 为常量时，$\bar{h}$ 随 d 的增加而单调增大。d 取不同的值，$\bar{h}$ 值变化很大。例如，当 l 为 4 时，d 为 0，$\bar{h}$ 为 0.666 7；d 为 0.25，$\bar{h}$ 不小于 0.885 4。

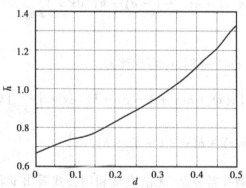

图 5.12　$\bar{h}$ 与 d 的关系图($l=4,g=0.5(1-d)$)

当 l 和 d 不变时，$\bar{h}$ 随 g 的变化较小，且仅在 d 较小时，$\bar{h}$ 随 g 变化相对较大，如图 5.13 所示。例如，当 l 为 4，$\bar{h}$ 的最大值与最小值之差在 d 为 0.09 时最大，为 0.043 1。l 越小，$\bar{h}$ 随 g 变化越大。例如，l 为 2，$\bar{h}$ 的最大

值与最小值之差在 d 为 0.13 时最大,达到 0.060 9。

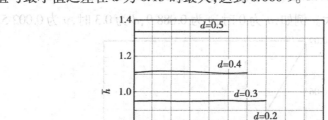

图 5.13　$\bar{h}$ 与 g 的关系图($l=4$)

在 d 和 g 相同的条件下,取不同的 l 值,$\bar{h}$ 的相对变化量为零或很小。例如,当 l 分别为 3 和 5 时,$\bar{h}$ 的相对变化量的最大值仅为 2.7%。

因此,d 是 $\bar{h}$ 的主要影响因素,g 和 l 是次要影响因素。要得到较大的 $\bar{h}$,在作业规划时需要采用较大的 d。

v 与 d,g 的关系如图 5.14 所示。其中,l 为 4。当 l 为其他值时,v 与 d 和 g 的关系与图 5.14 类似。

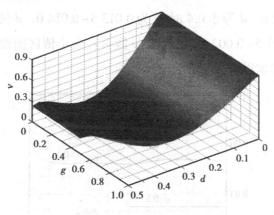

图 5.14　v 与 d,g 的关系图($l=4$)

当 l 不变,$g/(1-d)$ 取为不同常量,将得到一组类似的 v 和 d 的关系曲线,如图 5.15 所示。其中,l 为 4,g 为 $0.75(1-d)$。v 先随 d 的增加而逐渐减小,当达到最小值后便随 d 的增加而逐渐增大,之后又逐渐减小。d 取不同值时,ν 值变化较大。例如,d 为 0 时,ν 为 0.088 9;d 为 0.3 时,ν 为 0.002 5。

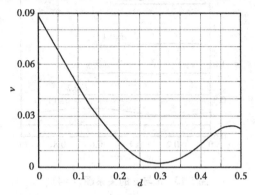

图 5.15　ν 与 d 的关系图($l=4,g=0.75(1-d)$)

无论 $g/(1-d)$ 取何值,当 d 为 0,ν 值恒定为 0.088 9;当 d 为 0.29 ~ 0.31 内时,ν 取得最小值约 0.002 5;当 d 为 0.5 时,ν 值恒定为 0.022 2。

当 l 和 d 不变,ν 和 g 的关系曲线如图 5.16 所示。其中,l 为 4,d 分别为 0,0.1,0.2,0.3,0.4,0.5。当 d 为常量时,随着 g 增大,ν 不变或非常平缓地变化。当 d 等于 0,0.2,0.5 时,ν 是定值,分别为 0.088 9,0.015 3,0.022 2。d 等于 0.1 时,ν 为 0.047 7 ~ 0.050 5。d 等于 0.3 时,ν 为 0.002 5 ~ 0.002 6。d 等于 0.4 时,ν 为 0.013 5 ~ 0.014 0。d 的取值为 0.29 ~ 0.31,ν 在 0.002 5 ~ 0.002 8 内变化。ν 能否在最小值区间取值,关键取决于 d 的值,g 影响很小,可忽略。

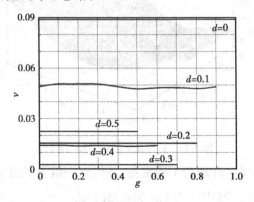

图 5.16　ν 与 g 的关系图($l=4$)

因此, d 是 v 的关键影响因素, g 对 v 的影响很小; v 在最小值区间 g 的影响极小,规划路径时可不考虑 g。

在 d 和 g 相同的条件下,取不同的 l 值, v 的相对变化量很小,甚至为 0。例如,当 l 分别为 3 和 5 时, v 的相对变化量最大值为 7.8%;当 l 分别为 5 和 8 时,则为 4.9%。在 d 为 0.29~0.31 时:当 l 分别为 3 和 5, v 的相对变化量最大值为 4.0%;当 l 分别为 5 和 8,则为 2.9%。因此, v 能否在最小值区间取值, l 的影响极小,可忽略。

无论 l 为何值, $d=0$ 时, v 取得最大值 0.088 9; $d=0.5$ 时, $v=0.022\ 2$; d 为 0.29~0.31 时, v 取得最小值约 0.002 5。

因此, v 在最小值区间 l 的影响极小,路径规划可不考虑 l。

5.2.2　多遍喷涂喷扫路径规划

(1)交错喷涂

采用单一优化搭接的机器人喷涂工艺方法完成的曲管喷涂实验表明,涂层纵向最大相对偏差至少超过 30%,涂层均匀性不能满足生产检验指标,因此,必须改进喷涂工艺方法或更进一步减小机器人系统偏差。涂层厚度存在波峰和波谷,使波峰和波谷相互叠加则可提高涂层均匀性,因此,提出利用交错喷涂作业工艺方法实现波峰和波谷相互叠加来提高涂层均匀性。交错喷涂是指相邻两遍喷涂采用重叠宽度相同,初始路径方向相同而位置不同的喷涂方法。

(2)涂层均匀性模型

图 5.17 为无量纲化处理后的交错喷涂模型,粗实线表示矩形平板喷涂工件的横截面。各喷涂行程采用相同重叠宽度匀速喷涂,喷枪行程与矩形平板横截面的法线方向一致。进行两遍横行喷涂法交错喷涂,点线和虚线表示各遍喷涂完成后在垂直于行程方向截面上各个喷涂行程沉积的涂料厚度,每点的涂层厚度和等于各个喷涂行程在该点沉积的涂料厚度的算术叠加, d 为相邻喷涂行程的重叠宽度, c 为两遍喷涂之间的无量纲交错距离,则

$$c = \frac{C}{W} \tag{5.42}$$

式中,$c \in [0, 1-d]$。

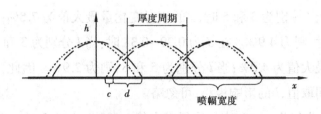

图 5.17 $c \leqslant 0.5d$ 且 $c+d \leqslant 0.5$ 的涂层厚度分布

由于初始路径和工件宽度在路径规划时可忽略,因此,只需考虑交错喷涂时一个涂层厚度周期内的涂层均匀性。交错喷涂的一个厚度周期内的涂层平均厚度 $\bar{h}$ 为

$$\bar{h} = \frac{4}{1-d}\left\{\int_0^{0.5-d} h(x)\,\mathrm{d}x + \int_{0.5-d}^{0.5-0.5d}[h(x) + h(x-1+d)]\,\mathrm{d}x\right\}$$

$$\tag{5.43}$$

当 $c \leqslant 0.5d$ 且 $c+d \leqslant 0.5$ 时(见图 5.17),涂层厚度方差为

$$v = \frac{1}{1-d}\left\{\int_{0.5d-0.5}^{d-0.5-c}[h(x) + h(x+c) + h(x+1-d) + \right.$$

$$h(x+1-d+c) - \bar{h}]^2\mathrm{d}x + $$

$$\int_{d-0.5-c}^{d-0.5}[h(x) + h(x+c) + h(x+1-d) - \bar{h}]^2\mathrm{d}x + $$

$$\int_{d-0.5}^{0.5-d-c}[h(x) + h(x+c) - \bar{h}]^2\mathrm{d}x + \tag{5.44}$$

$$\int_{0.5-d-c}^{0.5-d}[h(x) + h(x+c) + h(x-1+d+c) - \bar{h}]^2\mathrm{d}x + $$

$$\int_{0.5-d}^{0.5-0.5d}[h(x) + h(x+c) + h(x-1+d+c) + \right.$$

$$h(x-1+d) - \bar{h}]^2\mathrm{d}x\}$$

当 $c \leqslant 0.5d, c+d > 0.5$ 且 $c+2d \leqslant 1$ 时(见图 5.18),涂层厚度方差为

$$v = \frac{1}{1-d}\left\{ \int_{0.5d-0.5}^{d-0.5-c} [h(x) + h(x+c) + h(x+1-d) + \right.$$

$$h(x+1-d+c) - \bar{h}]^2 dx +$$

$$\int_{d-0.5-c}^{d-0.5} [h(x) + h(x+c) + h(x+1-d) - \bar{h}]^2 dx +$$

$$\int_{d-0.5}^{0.5-d-c} [h(x) + h(x+c) - \bar{h}]^2 dx + \qquad (5.45)$$

$$\int_{0.5-d-c}^{0.5-d} [h(x) + h(x+c) + h(x-1+d+c) - \bar{h}]^2 dx +$$

$$\int_{0.5-d}^{0.5-0.5d} [h(x) + h(x+c) + h(x-1+d+c) +$$

$$\left. h(x-1+d) - \bar{h}]^2 dx \right\}$$

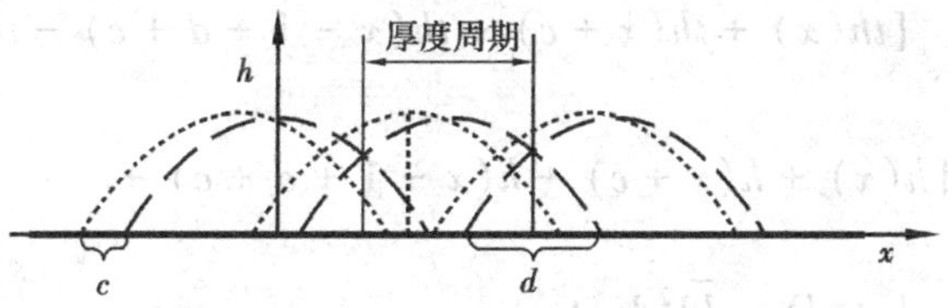

图 5.18　$c \leqslant 0.5d, c+d > 0.5$ 且 $c+2d \leqslant 1$ 的涂层厚度分布

当 $c \leqslant 0.5d, c+d > 0.5$ 且 $c+2d > 1$ 时(见图 5.19),涂层厚度方差为

$$v = \frac{1}{1-d}\left\{ \int_{0.5d-0.5}^{d-0.5-c} [h(x) + h(x+c) + h(x+1-d) + \right.$$

$$h(x+1-d+c) - \bar{h}]^2 dx +$$

$$\int_{d-0.5-c}^{0.5-d-c} [h(x) + h(x+c) + h(x+1-d) - \overline{th}]^2 dx +$$

$$\int_{0.5-d-c}^{d-0.5} [h(x) + h(x+c) + h(x+1-d) + \qquad (5.46)$$

$$h(x-1+d+c) - \bar{h}]^2 dx +$$

$$\int_{d-0.5}^{0.5-d} [h(x) + h(x+c) + h(x-1+d+c) - \bar{h}]^2 dx +$$

$$\int_{0.5-d}^{0.5-0.5d} [h(x) + h(x+c) + h(x-1+d+c) +$$

$$\left. h(x-1+d) - \bar{h}]^2 dx \right\}$$

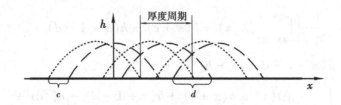

图 5.19 $c\leqslant0.5d,c+d>0.5$ 且 $c+2d>1$ 的涂层厚度分布

当 $0.5d<c\leqslant d$ 且 $c+d\leqslant0.5$ 时(见图 5.20),涂层厚度方差为

$$
v = \frac{1}{1-d}\Bigg\{\int_{0.5d-0.5}^{d-0.5}[h(x)+h(x+c)+h(x+1-d)-\overline{h}]^2\mathrm{d}x+
$$

$$
\int_{d-0.5}^{0.5-d-c}[h(x)+h(x+c)-\overline{h}]^2\mathrm{d}x+
$$

$$
\int_{0.5-d-c}^{0.5-d}[th(x)+th(x+c)+th(x-1+d+c)-\overline{th}]^2\mathrm{d}x+
$$

$$
\int_{0.5-c}^{0.5-c}[h(x)+h(x+c)+h(x-1+d+c)+ \quad\quad (5.47)
$$

$$
h(x-1+d)-\overline{h}]^2\mathrm{d}x+
$$

$$
\int_{0.5-c}^{0.5-0.5d}[h(x)+h(x-1+d+c)+h(x-1+d)-\overline{h}]^2\mathrm{d}x\Bigg\}
$$

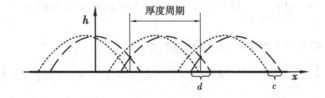

图 5.20 $0.5d<c\leqslant d$ 且 $c+d\leqslant0.5$ 的涂层厚度分布

当 $0.5d<c\leqslant d,c+d>0.5$ 且 $c+2d\leqslant1$ 时(见图 5.21),涂层厚度方差为

$$
v = \frac{1}{1-d}\Bigg\{\int_{0.5d-0.5}^{d-0.5}[h(x)+h(x+c)+h(x+1-d)-\overline{h}]^2\mathrm{d}x+
$$

$$
\int_{d-0.5}^{0.5-d-c}[h(x)+h(x+c)-\overline{h}]^2\mathrm{d}x+
$$

$$
\int_{0.5-d-c}^{0.5-d}[h(x)+h(x+c)+h(x-1+d+c)-\overline{h}]^2\mathrm{d}x+
$$

$$\int_{0.5-d}^{0.5-c} [h(x) + h(x+c) + h(x-1+d+c) +$$

$$h(x-1+d) - \bar{h}]^2 dx +$$

$$\int_{0.5-c}^{0.5-0.5d} [h(x) + h(x-1+d+c) + \qquad (5.48)$$

$$h(x-1+d) - \bar{h}]^2 dx \}$$

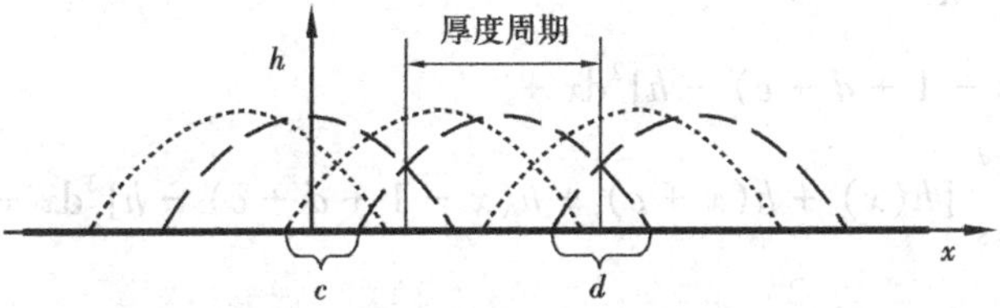

图 5.21　$0.5d<c \leqslant d, c+d>0.5$ 且 $c+2d \leqslant 1$ 的涂层厚度分布

当 $0.5d<c \leqslant d, c+d>0.5, c+2d>1$ 且 $c+1.5d \leqslant 1$ 时(见图 5.22),涂层厚度方差为

$$v = \frac{1}{1-d} \Big\{ \int_{0.5d-0.5}^{0.5-d-c} [h(x) + h(x+c) + h(x+1-d) - \bar{h}]^2 dx +$$

$$\int_{0.5-d-c}^{d-0.5} [h(x) + h(x+c) + h(x-1+d+c) +$$

$$h(x+1-d) - \bar{h}]^2 dx +$$

$$\int_{d-0.5}^{0.5-d} [h(x) + h(x+c) + h(x-1+d+c) - \bar{h}]^2 dx + \quad (5.49)$$

$$\int_{0.5-d}^{0.5-c} [h(x) + h(x+c) + h(x-1+d+c) +$$

$$h(x+1-d) - \bar{h}]^2 dx +$$

$$\int_{0.5-c}^{0.5-0.5d} [h(x) + h(x-1+d+c) + h(x+1-d) - \bar{h}]^2 dx \}$$

当 $0.5d<c \leqslant d, c+d>0.5, c+2d>1$ 且 $c+1.5d>1$ 时(见图 5.23),涂层厚度方差为

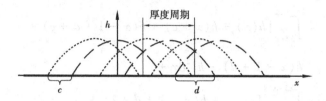

图 5.22 $0.5d<c\leqslant d, c+d>0.5, c+2d>1$ 且 $c+1.5d\leqslant1$ 的涂层厚度分布

$$\nu = \frac{1}{1-d}\left\{ \int_{0.5d-0.5}^{d-0.5} [h(x) + h(x+c) + h(x+1-d) + \right.$$

$$h(x-1+d+c) - \bar{h}]^2 dx +$$

$$\int_{d-0.5}^{0.5-d} [h(x) + h(x+c) + h(x-1+d+c) - \bar{h}]^2 dx +$$

$$\int_{0.5-d}^{0.5-c} [h(x) + h(x+c) + h(x-1+d+c) + \tag{5.50}$$

$$h(x-1+d) - \bar{h}]^2 dx +$$

$$\int_{0.5-c}^{1.5-2d-c} [h(x) + h(x-1+d+c) + h(x-1+d) - \bar{h}]^2 dx +$$

$$\int_{1.5-2d-c}^{0.5-0.5d} [h(x) + h(x-1+d+c) + h(x-1+d) +$$

$$\left. h(x-2+c+2d) - \bar{h}]^2 dx \right\}$$

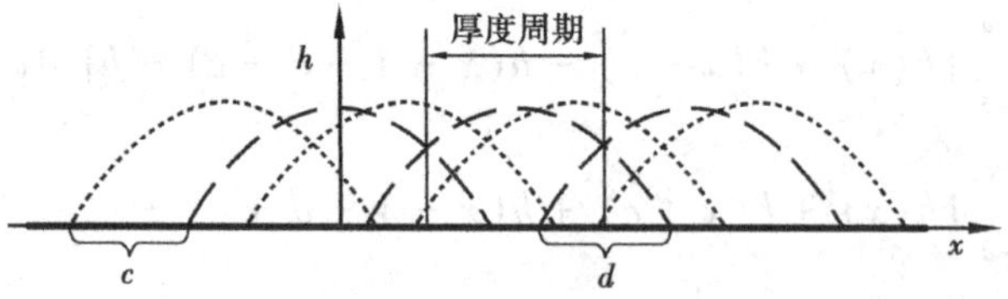

图 5.23 $0.5d<c\leqslant d, c+d>0.5, c+2d>1$ 且 $c+1.5d>1$ 的涂层厚度分布

当 $c>d$ 且 $c+d\leqslant0.5$ 时（见图5.24），涂层厚度方差为

$$\nu = \frac{1}{1-d}\left\{ \int_{0.5d-0.5}^{d-0.5} [h(x) + h(x+c) + h(x+1-d) - \bar{h}]^2 dx + \right.$$

$$\int_{d-0.5}^{0.5-d-c} [h(x) + h(x+c) - \bar{h}]^2 dx +$$

$$\int_{0.5-d-c}^{0.5-c} [h(x) + h(x+c) + h(x-1+d+c) - \bar{h}]^2 dx + \quad (5.51)$$

$$\int_{0.5-c}^{0.5-d} [h(x) + h(x-1+d+c) - \bar{h}]^2 dx +$$

$$\int_{0.5-d}^{0.5-0.5d} [h(x) + h(x-1+d+c) + h(x-1+d) - \bar{h}]^2 dx \Big\}$$

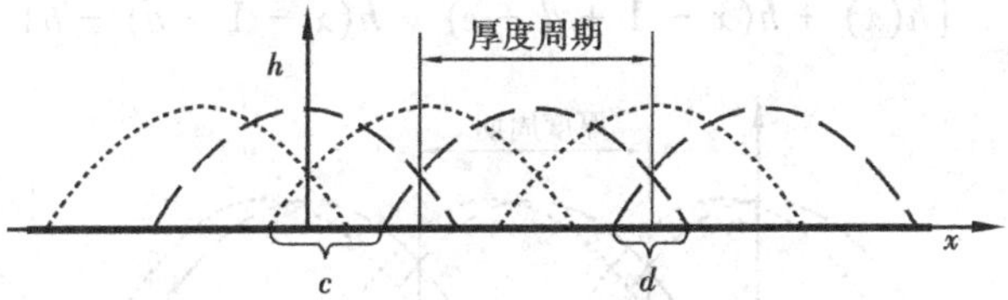

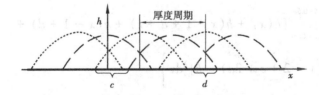

图 5.24　$c>d$ 且 $c+d\leqslant0.5$ 的涂层厚度分布

当 $c>d$，$c+d>0.5$ 且 $c+2d\leqslant1$ 时（见图 5.25），涂层厚度方差为

$$v = \frac{1}{1-d}\Big\{\int_{0.5d-0.5}^{d-0.5} [h(x) + h(x+c) + h(x+1-d) - \bar{h}]^2 dx +$$

$$\int_{d-0.5}^{0.5-d-c} [h(x) + h(x+c) - \bar{h}]^2 dx +$$

$$\int_{0.5-d-c}^{0.5-c} [h(x) + h(x+c) + h(x-1+d+c) - \bar{h}]^2 dx + \quad (5.52)$$

$$\int_{0.5-c}^{0.5-d} [h(x) + h(x-1+d+c) - \bar{h}]^2 dx +$$

$$\int_{0.5-d}^{0.5-0.5d} [h(x) + h(x-1+d+c) + h(x-1+d) - \bar{h}]^2 dx \Big\}$$

图 5.25　$c>d$，$c+d>0.5$ 且 $c+2d\leqslant1$ 的涂层厚度分布

当 $c>d$，$c+d>0.5$ 且 $c+1.5d\leqslant1$ 时（见图 5.26），涂层厚度方差为

$$v = \frac{1}{1-d}\Big\{\int_{0.5d-0.5}^{0.5-c-d} [h(x) + h(x+c) + h(x+1-d) - \bar{h}]^2 dx +$$

$$\int_{0.5-d-c}^{d-0.5} [h(x) + h(x+1-d) + h(x-1+c+d) +$$

$$h(x+c) - \bar{h}]^2 \mathrm{d}x + \tag{5.53}$$

$$\int_{d-0.5}^{0.5-c} [h(x) + h(x-1+c+d) + h(x+c) - \bar{h}]^2 \mathrm{d}x +$$

$$\int_{0.5-c}^{0.5-d} [h(x) + h(x-1+d+c) - \bar{h}]^2 \mathrm{d}x +$$

$$\int_{0.5-d}^{0.5-0.5d} [h(x) + h(x-1+d+c) + h(x-1+d) - \bar{h}]^2 \mathrm{d}x \}$$

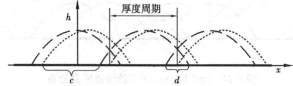

图 5.26 $c>d, c+d>0.5$ 且 $c+1.5d \leqslant 1$ 的涂层厚度分布

当 $c>d, c+d>0.5$ 且 $c+1.5d>1$ 时（见图 5.27），涂层厚度方差为

$$v = \frac{1}{1-d} \left\{ \int_{0.5d-0.5}^{d-0.5} [h(x) + h(x+c) + h(x+1-d) + \right.$$

$$h(x-1+d+c) - \bar{h}]^2 \mathrm{d}x +$$

$$\int_{d-0.5}^{0.5-c} [h(x) + h(x+c) + h(x-1+d+c) - \bar{h}]^2 \mathrm{d}x +$$

$$\int_{0.5-c}^{0.5-d} [h(x) + h(x-1+d+c) - \bar{h}]^2 \mathrm{d}x + \tag{5.54}$$

$$\int_{0.5-d}^{1.5-2d-c} [h(x) + h(x-1+d+c) + h(x-1+d) - \bar{h}]^2 \mathrm{d}x +$$

$$\int_{1.5-2d-c}^{0.5-0.5d} [h(x) + h(x-1+d+c) + h(x-1+d) +$$

$$\left. h(x-2+c+2d) - \bar{h}]^2 \mathrm{d}x \right\}$$

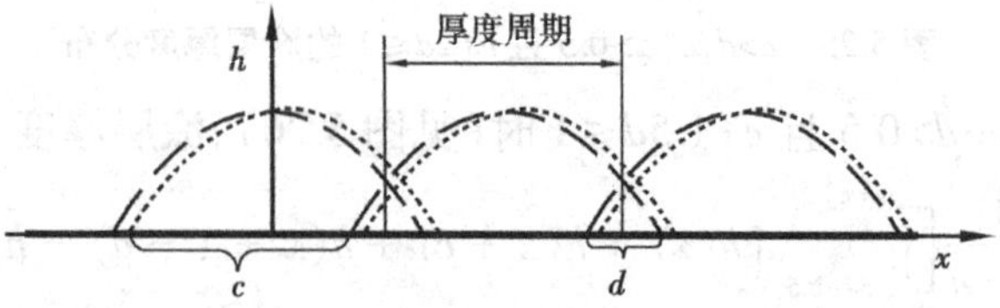

图 5.27 $c>d, c+d>0.5$ 且 $c+1.5d>1$ 的涂层厚度分布

（3）涂层均匀性分析

v 是 d 和 c 的函数，其函数表达式非常复杂，无法直接通过公式看出 v 同 d 和 c 的关系。对 d 和 c 采用相同网格数划分，通过数值计算分析出 v 与 d 和 c 的关系如图 5.28 所示。v 值在 4 个区域不大于 0.000 9：

①在 $d \in [0.180\ 0, 0.192\ 5]$ 且 $c \in [0.495(1-d), 0.505(1-d)]$ 区域内，v 为 0.000 9。

②在 $d \in [0.295\ 0, 0.307\ 5]$ 且 $c \in [0.22(1-d), 0.27(1-d)]$ 区域内，v 为 0.000 7~0.000 9。

③在 $d \in [0.295\ 0, 0.307\ 5]$ 且 $c \in [0.730(1-d), 0.780(1-d)]$ 区域内，v 为 0.000 7~0.000 9。

④在 $d \in [0.410\ 0, 0.437\ 5]$ 且 $c \in [0.475(1-d), 0.525(1-d)]$ 区域内，v 为 0.000 5~0.000 9。

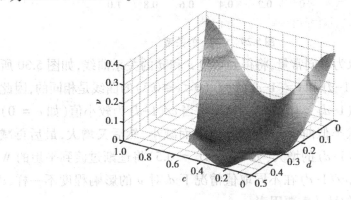

图 5.28　v 与 d,c 的关系图

在这些区域选择喷扫路径参数，理论上可得到很好的涂层均匀性。

当 d 不变时，v 与 c 的关系如图 5.29 所示。其中，每条曲线都关于 $c = (1-d)/2$ 左右对称，原因是 $c = (1-d)/2 + a$ 和 $c = (1-d)/2 - a$（$0 < a \leq (1-d)/2$）的交错在本质上是完全相同的，相当于两遍喷涂的先后顺序交换。当取 $d=0$ 时，v 与 c 的关系曲线为很陡的 V 形，随着 d 增大，V 形变得越来越平坦。d 进一步增大，v 与 c 的关系曲线变成很平坦的 W 形（如 $d =$ 0.3）。d 再增大，v 与 c 的关系曲线又变为很平坦的 V 形（如 $d =0.4$），并随 d 增大 V 形变得越来越陡（如 $d=0.5$）。取不同的重叠宽度，当交错距离变化时，厚度方差随之改变，其中 $d=0$ 时，v 的绝对变化值最大，随着 d 的增

大,ν 的绝对变化值逐渐变小,当 d 进一步增大时,ν 的绝对变化值又逐渐增大,但当 $d=0.5$ 时,ν 的绝对变化值比 $d=0$ 时小得多。由此可见,交错距离在不同 d 情况下对 ν 的影响程度不一样,是影响涂层均匀性的重要因素。规划的喷扫路径与实际路径之间出现一定偏差时,导致实际重叠宽度偏差较大,但交错喷涂能大大减弱路径偏差对涂层均匀性的负面影响。

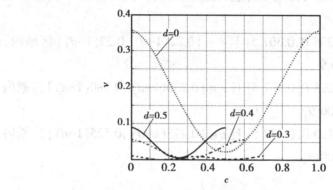

图 5.29 ν 与 c 的关系

$c/(1-d)$ 取为不同常量,将得到一组 ν 和 d 的关系曲线,如图 5.30 所示。由于 $c=e(1-d)$ 和 $c=(1-e)(1-d)$ $(0 \leqslant e \leqslant 0.5)$ 的曲线是相同的,因此下面只讨论 $c/(1-d) \in [0,0.5]$ 的情况。当 $c/(1-d)$ 为较小值(如 $c=0$)时,是一族形状类似曲线,ν 先随 d 增大而减小,然后又增大,最后再减小。随后随 $c/(1-d)$ 的增大(如 $c/(1-d)=0.5$)将逐渐过渡到平坦的 W 形。由此可见,$c/(1-d)$ 在不同取值情况下 d 对 ν 的影响程度不一样,d 是影响涂层均匀性的重要因素。

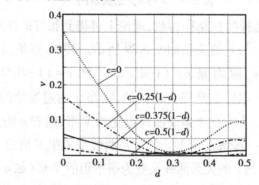

图 5.30 ν 与 d 的关系

上述分析可知,d 与 c 都是影响涂层均匀性的主要因素,是规划喷涂作业轨迹时必须考虑的关键参数。ν 值在 4 个区域不大于 0.000 9,在此区域选择喷扫路径参数,理论上可得到很好的涂层均匀性。

(4)参数选择

在实际选择参数 d 与 c 时,不考虑初始路径将对作业规划带来极大方便,选择 d 为 0.3 左右会比其他取值更能减少初始路径对涂层均匀性的影响。实际路径与规划路径有偏差,应减少路径偏差带来的涂层不均匀性,选择 d 为 0.3 左右会比其他取值更能减少路径偏差的影响。路径规划时可能出现奇数遍喷涂,奇数遍喷涂对涂层均匀性有影响,选择 d 为 0.3 左右会比其他取值更能减少奇数遍喷涂的影响。因此,应选择 $d \in [0.295\ 0, 0.307\ 5]$ 且 $c \in [0.220(1-d), 0.270(1-d)]$ 区域或 $d \in [0.295\ 0, 0.307\ 5]$ 且 $c \in [0.730(1-d), 0.780(1-d)]$ 的区域。

理论分析和实验研究表明喷涂基本参数中影响涂层均匀性的主要因素是喷涂距离和喷扫速率。交错喷涂分析得到重叠宽度和交错距离是影响涂层均匀性的主要因素。因此,喷涂距离、喷扫速率、重叠宽度和交错距离组成了影响多遍喷涂涂层均匀性的主要因素集。

5.3　喷扫速率规划

曲管内壁可认为由许多不同曲率曲面或平面按照设计顺序连接而成的曲面,这些曲面可视为自由曲面,曲管横截面典型示意图如图 5.31 所示。要保证所有曲面和平面的喷涂涂层均匀性最佳,必须采用变喷扫速率。

假定喷枪在长为 L 的定曲率曲面或平面稳定喷涂,喷扫速率为 V,喷枪涂料流量为 Q,涂料的固体分体积含量为 ζ,涂料的涂着效率为 η,喷枪的喷幅宽度为 W,涂层的平均厚度为 $\overline{H}$,则在时间 t 内这些参数满足

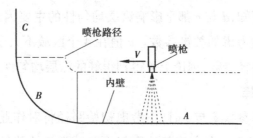

图 5.31　曲面横截面示意图

$$\overline{H} = \frac{Q\zeta(\eta t)}{WL} \tag{5.55}$$

式(5.55)可变为

$$\frac{\eta}{\overline{H}} = \frac{WV}{Q\zeta} \tag{5.56}$$

由式(5.55)可知,涂层平均厚度与喷枪在工件单位长度上运行时间与涂着效率的乘积成正比,而采用等流量喷涂,涂料的流量和固体分含量可认为不变的。因此,只要保证了喷枪在工件单位长度上运行时间与涂着效率的乘积不变,那么,在这段行程上的涂层平均厚度就相同。

在两种曲率横截面上采用等速率、等涂料黏度和等涂料流量喷涂,涂料的流量和固体分含量是不变的,喷幅宽度也可认为是不变的。若区域 A 的涂着效率为 η_A 且平均涂层厚度为 $\overline{H}_A$,区域 B 的涂着效率为 η_B 且平均涂层厚度为 $\overline{H}_B$,区域 A 的曲率小于区域 B 的曲率,那么,区域 B 的涂着效率 η_B 要高于区域 A 的 η_A,两者之间的关系为

$$\frac{\eta_A}{\eta_B} = \frac{\overline{H}_A}{\overline{H}_B} \tag{5.57}$$

在两种曲率横截面上采用等涂料黏度和等涂料流量喷涂,要保证区域 A 和 B 的平均涂层厚度一样,区域 B 单位长度上的喷枪运行时间应小于或大于采用区域 A 喷扫速率在区域 B 单位长度上的喷涂时间。根据式(5.56)可得

$$\frac{\eta}{V} = \frac{\overline{H}W}{Q\zeta} \tag{5.58}$$

那么,要保证在区域 A 和 B 上的涂层厚度相同,则区域 A 和 B 上的喷扫速率 V_A 和 V_B 应满足

$$\frac{\eta_A}{V_A} = \frac{\eta_B}{V_B} \qquad (5.59)$$

若定义涂着效率比为

$$\beta = \frac{\eta_B}{\eta_A} \qquad (5.60)$$

则将式(5.60)代入式(5.59)可得

$$V_B = \beta V_A \qquad (5.61)$$

按照上述方法规划作业轨迹速率,应先规划平面区域的喷扫速率,然后规划与平面区域相邻的曲面,接着规划下一个相邻的曲面,以此类推。

5.4　喷涂作业规划实验

采用 TB06-2 底漆,近距离以圆筒和矩形筒作为工件模拟喷涂实验。喷涂工艺参数如下:喷幅宽度为 23.1 cm,搭接宽度为 7.1 cm,交错距离为 6.0 cm,喷涂距离为 18 cm,喷扫速率为 20 cm/s,涂料黏度为 18 s,喷枪开枪压力为 0.40 MPa,喷涂雾化压力为 0.28 MPa,喷幅压力为 0.30 MPa,涂料泵驱动压力为 0.64 MPa,涂料调压器压力为 0.40 MPa。

喷涂后的圆筒和矩形筒如图 5.32 和图 5.33 所示。圆筒和矩形筒涂层外观光滑,无缺陷。涂层均匀性分析数据见表 5.3,最大相对偏差都小于 12%,涂层均匀性好,作业规划满足生产检验指标。

表 5.3　圆筒和矩形筒涂层均匀性

模拟件	平均涂层厚度 /μm	平均相对偏差 /%	最大相对正偏差 /%	最大相对负偏差 /%
圆筒	218	3.4	11.4	8.6
矩形筒	223	4.1	11.9	8.1

图 5.32　喷涂后的圆筒模拟件

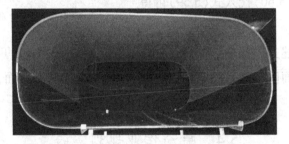

图 5.33　喷涂后的矩形筒模拟件

冗余机器人是关节空间维数 n 大于工作空间维数 m 的机器人,将关节空间维数与工作空间维数的差 $n-m$ 称为冗余机器人的冗余自由度数。相比传统的非冗余机器人,冗余机器人更加灵活,能在满足给定末端位姿的同时,避开机器人工作空间中的障碍物。冗余机器人应用到实际作业中的难点是如何利用冗余自由度实现机器人的避障作业,即避障关节轨迹规划问题。关节轨迹规划则是实现机器人无碰撞喷涂作业的关键。为此,必须研究曲管的几何形状特点和冗余机器人管内操作模型,提出一种行之有效的关节轨迹规划方法。

6.1 定位标定

在喷涂机器人关节轨迹规划时,首先需要将在曲管坐标系下规划的喷枪轨迹变换成喷涂机器人坐标系下的轨迹,这就需要知道两坐标系的相互位姿关系。因此,需要对曲管进行定位标定。

6.1.1 定位方案

定位系统主要由机器人本体、三坐标电测头和计算机组成。

定位用的计算机可与机器人控制系统共用同一台计算机。测头选择英国雷尼绍公司生产的电测头,如图 6.1 所示。将电测头安装在机器人末端,控制机器人以一定速度接近曲管。当电测头接触到曲管表面时,电测头产生触发信号,计算机接收触发信号,记录下当前机器人各个关节的编码器信号,再进行运动学正解,从而得到当前点在坐标系中的位置。定位系统及测量原理如图 6.2 所示。

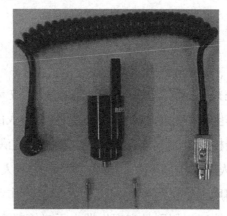

图 6.1 电测头

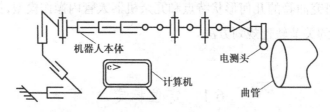

图 6.2 定位系统及测量原理示意图

定位方法是通过确定曲管中心线相对机器人的位置,从而实现曲管的定位。为确定曲管的中心线相对机器人的位置,需要进行端面测量、截面测量和剖面测量。测量面示意图如图 6.3 所示。定位流程和测量流程如图 6.4 所示。

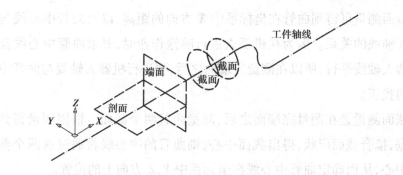

图 6.3 测量面示意图

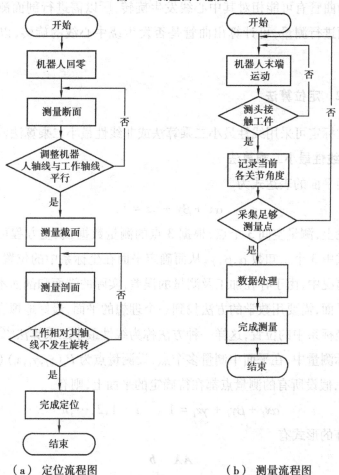

（a）定位流程图　　　　　（b）测量流程图

图 6.4 定位流程与测量流程

端面测量可得到曲管在坐标系中 X 方向的距离,以及曲管中心线与机器人轴线的关系。因为在机器人进行喷涂作业时,要求曲管中心线要与机器人轴线平行,所以在测量完端面之后,要进行机器人轴线与曲管中心线的找正。

截面测量是在测量完端面之后,测量曲管两个截面。根据测量得到的数据,拟合截面形状,得出截面中心,则曲管的中心线将通过这两个截面的中心,从而确定曲管中心线在坐标系中 Y, Z 方向上的位置。

因为曲管有可能相对其中心线发生旋转,所以需进行剖面测量。对两个剖面进行测量,可计算出曲管是否发生绕中心线的旋转,以备进行调整。

6.1.2　定位算法

定位标定可采用线性最小二乘算法或非线性最小二乘算法。

(1)线性最小二乘算法

空间平面的表达式为

$$\alpha x + \beta y + \gamma z = 1 \tag{6.1}$$

理论上,测量空间 3 个点,根据 3 点的测量数据,联立方程可解出平面表达式中 3 个未知数 α, β, γ,从而确定平面在坐标系中的位置。但是,在实际情况中,由于存在加工及测量的误差,实际的端面和剖面不是理想的几何平面,需要用数学的方法找到一个理想的平面,最好地拟合出实际平面在坐标系中的位置,这样一种方法称为线性最小二乘算法[125]。

实际测量中,在平面中测量多个点,设测量点为 $P_i(x_i, y_i, z_i)$($i = 1, 2, 3, \cdots, n$),假设所有的测量点都在待确定的平面上,则有

$$\alpha x_i + \beta y_i + \gamma z_i = 1 \qquad i = 1, 2, \cdots, n \tag{6.2}$$

写成矩阵的形式有

$$AX = b \tag{6.3}$$

式中

$$A = \begin{pmatrix} x_1 & y_1 & z_1 \\ x_2 & y_2 & z_2 \\ \vdots & \vdots & \vdots \\ x_n & y_n & z_n \end{pmatrix}_{n \times 3}, X = (\alpha, \beta, \gamma)^{\mathrm{T}}, b = \begin{pmatrix} 1 \\ 1 \\ \vdots \\ 1 \end{pmatrix}_{n \times 1}$$

因为未知参数为 3 个,方程数目大于 3,一般来说方程无解,所以希望找到一个最优的 X,使得 $AX-b$ 在二范数的量度下最小,实际中可这样理解:找一个平面,使得测量点均布在平面的两侧,且使得所有点到平面的距离之和最小。这样将模型转化为线性最小二乘问题,其数学表达式为

$$X \in \mathbf{R}^n \quad \text{s.t.} \quad \| AX - b \|_2 = \min \tag{6.4}$$

线性最小二乘问题的解为

$$X = (A^{\mathrm{T}}A)^{-1} A^{\mathrm{T}} b \tag{6.5}$$

(2)非线性最小二乘算法

对两个截面的测量是对空间曲线的测量。与前面的平面测量不同,空间平面方程是线性方程,而空间曲线方程是非线性方程,而且也不能近似为线性方程,所以这里要用到非线性最小二乘,建立模型为

$$L = f(X) + \Delta \tag{6.6}$$

式中 L——测量向量,由测量点组成;

Δ——观测误差向量;

$X = (x_1, x_2 \cdots x_n)^{\mathrm{T}}$——曲管截面曲线在坐标系中未知参数组成的向量;

$f(X) = (f_1(X), f_2(X) \cdots f_n(X))^{\mathrm{T}}$——由 n 个 X 的非线性函数组成的向量。

这样,与线性最小二乘类似,截面的非线性最小二乘问题可写为

$$\| \Delta \|_2 = \| f(X) - L \|_2 = \min \tag{6.7}$$

即求解 X,使观测误差最小。

因为

$$\| \Delta \|_2^2 = \Delta^T \Delta$$

$$= (f(X) - L)^T (f(X) - L)$$

$$= f^T(X)f(X) - 2f^T(X)L + L^T L \tag{6.8}$$

且 $L^T L$ 为一常量,所以式(6.7)等价于

$$R(X) = f^T(X)f(X) - 2f^T(X)L = \min \tag{6.9}$$

求解非线性最小二乘的问题,一般采用迭代法,定位标定可采用下面的牛顿迭代法[126]。

设 $R(X)$ 的极小值 X^* 的一个近似值为 $X^{(k)}$,在 $X^{(k)}$ 附近将 $R(X)$ 展开为泰勒级数,取至二次项,得

$$R(X) = R(X^{(k)} + dX^{(k)})$$

$$= R(X^{(k)}) + g^{(k)}dX^{(k)} + \frac{1}{2}d(X^{(k)})^T G^k dX^{(k)} = \min \tag{6.10}$$

式中

$$g^{(k)} = \left(\frac{\partial R}{\partial x_1} \quad \frac{\partial R}{\partial x_2} \quad \cdots \quad \frac{\partial R}{\partial x_n} \right)$$

$$G_k = \begin{pmatrix} \dfrac{\partial^2 R}{\partial x_1^2} & \dfrac{\partial^2 R}{\partial x_1 \partial x_2} & \cdots & \dfrac{\partial^2 R}{\partial x_1 \partial x_n} \\[2ex] \dfrac{\partial^2 R}{\partial x_2 \partial x_1} & \dfrac{\partial^2 R}{\partial x_2^2} & \cdots & \dfrac{\partial^2 R}{\partial x_2 \partial x_n} \\[1ex] \vdots & \vdots & & \vdots \\[1ex] \dfrac{\partial^2 R}{\partial x_n \partial x_1} & \dfrac{\partial^2 R}{\partial x_n \partial x_2} & \cdots & \dfrac{\partial^2 R}{\partial x_n^2} \end{pmatrix} = G_k^T$$

$$dX^{(k)} = X^* - X^{(k)}$$

$g^{(k)}$ 是 $R(X)$ 在 $X^{(k)}$ 处的梯度方向。

因为 $X^{(k)}$ 为给定的近似值,所以式(6.10)为 $dX^{(k)}$ 的函数,为了求得使式(6.10)成立的 $dX^{(k)}$,将式(6.10)对 $dX^{(k)}$ 求偏导,并令其为零,得到

$$g^{(k)} + d(X^{(k)})^T G_k = 0 \tag{6.11}$$

移项后两边转置,得

$$\boldsymbol{G}_k \mathrm{d}\boldsymbol{X}^{(k)} = -(\boldsymbol{g}^{(k)})^{\mathrm{T}} \tag{6.12}$$

当 $\boldsymbol{G}_k$ 非奇异时,由式(6.12)可解得 $\mathrm{d}\boldsymbol{X}^{(k)}$,即

$$\mathrm{d}\boldsymbol{X}^{(k)} = -(\boldsymbol{G}_k)^{-1}(\boldsymbol{g}^{(k)})^{\mathrm{T}} \tag{6.13}$$

当 $\mathrm{d}\boldsymbol{X}^{(k)}$ 充分小时,$\mathrm{d}\boldsymbol{X}^{(k)}$ 使式(6.10)成立,但是因为 $\boldsymbol{X}^*$ 未知,如果 $\mathrm{d}\boldsymbol{X}^{(k)}$ 不充分小,则进行迭代,直到 $\mathrm{d}\boldsymbol{X}^{(k)}$ 充分小,迭代公式为

$$\boldsymbol{X}^{(k+1)} = \boldsymbol{X}^{(k)} + \mathrm{d}\boldsymbol{X}^{(k)} \tag{6.14}$$

当 $R(\boldsymbol{X}^{(k+1)}) = R(\boldsymbol{X}^{(k)})$ 时,迭代终止,可认为 $\boldsymbol{X}^{(k+1)}$ 为模型式(6.7)的最小二乘解,这样可确定截面曲线在坐标系中的位置。

6.2　机器人数学模型

喷涂机器人喷涂臂的 3 个移动自由度可简化为一个自由度,因此,机器人喷涂臂可简化为一个 8 自由度的数学模型,如图 6.5 所示。第 1 个关节为移动自由度,第 2—8 个为转动自由度,用 DH 方法建立各个连杆坐标系,写出相邻两个关节间的齐次变换矩阵为

$$\boldsymbol{T}_i^{i+1} \quad i = 0,1,2,\cdots,8$$

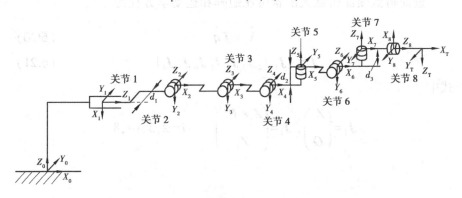

图 6.5　喷涂机器人数学模型

在得到齐次变换矩阵 $\boldsymbol{T}_i^{i+1}(i=0,1,2,\cdots,8)$ 之后,可用矢量积方法[97]

构造喷涂机器人的雅可比矩阵 J，V 和 ω 分别表示线速度和角速度。对于移动关节 1，它在末端上产生与 Z_1 轴相同方向的线速度，得到

$$\begin{pmatrix} V \\ \omega \end{pmatrix} = \begin{pmatrix} Z_1 \\ O \end{pmatrix} q_1 \tag{6.15}$$

由此得到雅可比矩阵的第 1 列

$$J_1 = \begin{pmatrix} Z_1 \\ O \end{pmatrix} \tag{6.16}$$

对于旋转关节 $i(i=2,3,\cdots,8)$，它在末端上产生的线速度和角速度，由下式得到

$$V = (Z_i \times {}^iP_E^0) q_i \tag{6.17}$$

$$\omega = Z_i q_i \tag{6.18}$$

式中 ${}^iP_E^0$——末端 E 到 Z_i 轴的位置向量在基础坐标系 0 系下的坐标。

那么，雅可比矩阵的第 i 列为

$$J_i = \begin{pmatrix} Z_i \times ({}_i^0R {}^iP_E) \\ Z_i \end{pmatrix} \tag{6.19}$$

式中 ${}^iP_E^0 = {}_i^0R {}^iP_E$；

${}^iP_E$——末端 E 到 Z_i 轴的位置向量在坐标系 i 系下的坐标。

进而得到喷涂机器人的雅可比矩阵和运动学方程为

$$\dot{X} = J\dot{q} \tag{6.20}$$

$$J = [J_1\ J_2\ J_3\ J_4\ J_5\ J_6\ J_7\ J_8] \tag{6.21}$$

式中

$$J_1 = \begin{pmatrix} Z_1 \\ O \end{pmatrix},\ J_i = \begin{pmatrix} Z_i \times {}^iP_E^0 \\ Z_i \end{pmatrix} \qquad i=2,3,\cdots,8$$

6.3 机器人逆运动学

当喷涂作业规划完成后经坐标变换可得到在喷涂机器人坐标系下的一组喷枪路径: $X_i(i = 1,2,\cdots,n)$。如何得到与其对应的关节空间路径 $q_i(i=1,2,\cdots,n)$, $q_i=(q_1\ q_2\ q_3\ q_4\ q_5\ q_6\ q_7\ q_8)^T$, 是机器人完成喷涂作业要解决的重要问题, 其核心内容是喷涂机器人的逆运动学问题。已知喷涂机器人的运动学方程式(6.20), 逆运动学问题就是对式(6.20)的求解。冗余机器人的雅可比矩阵为长矩阵, 不存在逆矩阵, 为此很多研究者提出了求解冗余机器人逆运动学的方法, 下面采用投影梯度法规划复杂曲管喷涂关节轨迹。

由线性代数的相关知识, 可知线性方程组(6.20)的解 $\dot{q}$ 由特解 $\dot{q}_S$ 和其对应齐次方程组

$$J\dot{q} = 0 \tag{6.22}$$

的通解 $\dot{q}_N$ 两部分组成, 即

$$\dot{q} = \dot{q}_S + \dot{q}_N \tag{6.23}$$

$\dot{q}_N$ 组成了雅可比矩阵的零空间 $N(J)$, 它是机器人 n 维关节空间中的 $n-m$ 维子空间, 即雅可比矩阵零空间维数等于机器人的冗余自由度数。属于雅可比矩阵零空间 $N(J)$ 的运动将不会引起末端的运动, 称这样的关节运动为自运动。

投影梯度法的逆运动学方程为

$$\dot{q} = J^\dagger \dot{x} + (I - J^\dagger J)\,\nu \tag{6.24}$$

$$J^\dagger = J^T (JJ^T)^{-1} \tag{6.25}$$

式中 $J^\dagger \in R^{m\times n}$——雅可比矩阵的广义逆;

I——$n\times n$ 的单位矩阵;

$(I-J^\dagger J)$——雅可比零空间 $N(J)$ 的映射矩阵;

125

$v \in \mathbf{R}^n$——任意矢量。

选定某一优化函数 H，希望机器人在运动中实现对 H 的极小化（或者极大化），则可令 $v = k\nabla H$，k 为比例系数，利用雅可比零空间映射矩阵 $(I - J^\dagger J)$ 将 v 映射至雅可比矩阵的零空间 $N(J)$，从而利用冗余机器人的自运动，实现对优化目标函数 H 的极小化（或者极大化），这是投影梯度法的核心内容。

那么，喷涂机器人由曲管圆口端伸入其内部进行内表面喷涂，某一时刻，喷涂机器人在曲管中的位置由其正运动学给出，如果喷涂机器人在喷涂过程中，其本体总保持在曲管的虚拟中心线附近，则可能实现无碰撞喷涂作业，因为这条虚拟中心线距离管道内壁最远。实际上，因为机器人的位形由其关节变量决定，那么，只要选取机器人的关节作为关键点，再选取一些碰撞危险点（如连杆的中点等）作为关键点，如果机器人的这些关键点都在这条虚拟中心线附近，则机器人本体也会在虚拟中心线附近。优化函数 H 则根据以上设想建立。

为简化计算，可以只选择曲管一些截面上的内接椭圆中心，通过拟合的方法得到一条近似虚拟中心线，其描述为

$$\begin{cases} x_L \leq x \leq x_U \\ y = f(x) \\ z = g(x) \end{cases} \tag{6.26}$$

如图 6.6 所示，第 i 个关键点在基础坐标系 0 系中的坐标为

$$^0\boldsymbol{R}_i = \boldsymbol{T}_0^i \begin{pmatrix} x_i \\ y_i \\ z_i \\ 1 \end{pmatrix} = \begin{pmatrix} ^0x_i \\ ^0y_i \\ ^0z_i \\ 1 \end{pmatrix} \tag{6.27}$$

根据式（6.26）写出虚拟中心点 P 在基础坐标 0 系下的齐次坐标

$$\boldsymbol{P} = \begin{pmatrix} ^0x_i & f(^0x_i) & g(^0x_i) & 1 \end{pmatrix}^T \tag{6.28}$$

$^0\boldsymbol{R}_i$ 与 P 之间的加权距离平方和 d_i 为

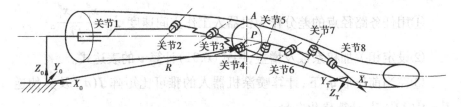

图 6.6　喷涂机器人在管道内进行作业的数学描述

$$d_i = k_y \, (^0 y_i - f(^0 x_i))^2 + k_z \, (^0 z_i - g(^0 x_i))^2 \tag{6.29}$$

将各个关节和碰撞危险杆的中点作为关键点,则 H 可写为

$$H = \sum_i^n d_i$$

$$= \sum_i^n (k_y \, (^0 y_i - f(^0 x_i))^2 + k_z \, (^0 z_i - g(^0 x_i))^2) \tag{6.30}$$

式中　$\boldsymbol{P}_i = (^0 x_i \quad ^0 y_i \quad ^0 z_i \quad 1)^T$——关键点在 0 坐标系下的齐次坐标;

n——关键点数目。

极小化 H,取 $\boldsymbol{v}$ 为 H 的负梯度方向,并取合适的增益 $\boldsymbol{k}_0$,则

$$\boldsymbol{v} = - \boldsymbol{k}_0 \nabla H$$

$$= - \boldsymbol{k}_0 \left[\frac{\partial H}{\partial q_i} \right] \tag{6.31}$$

将 $\boldsymbol{v}$ 代入式(6.24),得到

$$\dot{\boldsymbol{q}} = \boldsymbol{J}^\dagger \dot{\boldsymbol{x}} + \boldsymbol{k}_0 (\boldsymbol{I} - \boldsymbol{J}^\dagger \boldsymbol{J}) \nabla H \tag{6.32}$$

6.4　机器人关节轨迹规划步骤

设喷涂任务路径点为 $\boldsymbol{x}_i^d (i = 0, 1, 2, \cdots, n)$,机器人正运动学满足 $\boldsymbol{x}_0 = f(\boldsymbol{q}_0)$,则机器人喷枪轨迹的规划步骤如下:

预处理时,计算曲管的虚拟中心线,设定迭代步长 Δt,迭代误差限 ε,初始 $i = 0$。

①用任务路径点的差分作为机器人工作空间速度 $\dot{x}=\dfrac{x_{i+1}^{d}-x_{i}^{d}}{\Delta t}$。

②设定相关加权系数及增益,用式(6.31)计算 $\boldsymbol{v}$ 的表达式。

③在当前位形 $\boldsymbol{q}_i$ 下,计算喷涂机器人的雅可比矩阵 $\boldsymbol{J}(\boldsymbol{q}_i)$ 及其伪逆 $\boldsymbol{J}^{\dagger}=\boldsymbol{J}^{\mathrm{T}}(\boldsymbol{J}\boldsymbol{J}^{\mathrm{T}})^{-1}$,计算优化向量 $\boldsymbol{v}$。

④利用式(6.32)计算喷涂机器人关节速度 $\dot{\boldsymbol{q}}$,累加得到 $\boldsymbol{q}_i'=\boldsymbol{q}_i+\Delta t \cdot \dot{\boldsymbol{q}}$。

⑤通过机器人正运动学,计算机器人在 $\boldsymbol{q}_i'$ 下的末端位姿 $\boldsymbol{x}=f(\boldsymbol{q}_i')$ 与目标任务路径点 $\boldsymbol{x}_{i+1}^d$ 之间的误差向量 $\boldsymbol{\xi}=\boldsymbol{x}_{i+1}^d-\boldsymbol{x}$。若 $\|\boldsymbol{\xi}\|<\varepsilon$,则迭代停止,$\boldsymbol{q}_i=\boldsymbol{q}_i'$;若 $\|\boldsymbol{\xi}\|>\varepsilon$,则 $\boldsymbol{q}_i=\boldsymbol{q}_i'$,且 $\dot{x}=\dfrac{\boldsymbol{\xi}}{\Delta t}$,返回第③步。

⑥进行机器人碰撞检验。若存在碰撞,返回第②步;若不存在碰撞,则 $i=i+1$,返回第①步,直到 $i=n$。

⑦在得到关节空间路径 $\boldsymbol{q}_i(i=0,1,2,\cdots,n)$ 后,根据喷涂工艺要求,在关节空间中,用 3 次样条进行插值,得到关节空间的轨迹 $\left\{\boldsymbol{q}(t),\dot{\boldsymbol{q}}(t),\ddot{\boldsymbol{q}}(t)\right\}$。

6.5　仿真与实验

上面给出了机器人关节轨迹规划的算法,根据此算法在 MATLAB 中编写程序进行仿真计算。仿真过程是任意给出一条虚拟中心线的描述,用上述给出的算法进行轨迹规划,查看机器人关节与虚拟中心线的位置关系。如图 6.7 所示,给出一条虚拟中心线(图中的黑色粗实线),虚拟中心线在 XZ 平面内弯曲,机器人关节用圆圈表示,机器人连杆用细实线表示。由图 6.7(a)中可知,机器人除去必要的完成喷涂作业的关节(如关节 8、7 等)以外,其他关节(如关节 3,4,5,6 等)都在这条虚拟中心线附近;图 6.7(b)中则从 XZ 平面视图说明机器人关节和连杆在虚拟中心线附近的情况。图 6.8(a)表示同一虚拟中心线、不同末端轨迹的机器人在虚拟中心线附近运动的情况;图 6.7(b)表示的则是不同虚拟中心线时,机器人在虚拟中心线附近运动的情况。

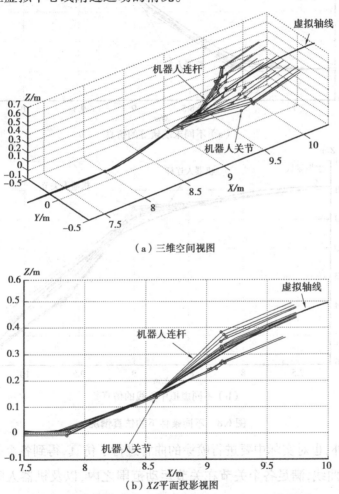

（a）三维空间视图

（b）XZ 平面投影视图

图 6.7　仿真中机器人的关节和连杆与虚拟中心线位置关系

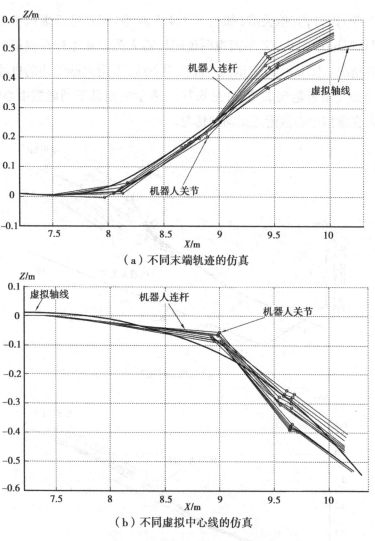

（a）不同末端轨迹的仿真

（b）不同虚拟中心线的仿真

图6.8　不同条件下的仿真情况

此外,也对实际中要进行喷涂的曲管进行了仿真,得到各个关节的时间-位移曲线,满足各个关节在关节运动范围之内,以及机器人喷涂仿真(见图6.9),曲管做了剖视,机器人末端在曲管内按椭圆路径运动,而机器人本体不发生于曲管内表面的碰撞。

在喷涂实验中,选择曲管的特定区域进行喷涂,如喷涂曲管的方口端。其检验方法是测量涂层厚度是否在要求的范围之内。将仿真计算中规划出来的机器人关节轨迹,应用到实际喷涂中,机器人完成了喷涂任务,即喷涂过程中机器人在保证喷涂工艺要求的同时,机器人本体没有与曲管发生碰撞,在喷涂结束之后,对涂层厚度进行测量,涂层厚度满足要求。

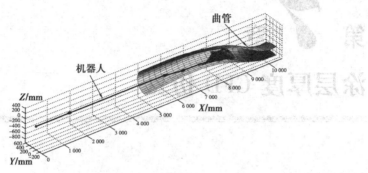

图 6.9　喷涂机器人在曲管内的喷涂仿真

第 7 章
涂层厚度 CFD 仿真

涂层厚度仿真是检验喷涂作业轨迹是否满足要求的重要环节。目前,常用的涂层厚度仿真计算方法有经验模型法和 CFD 模拟法。经验模型法仿真是利用喷枪喷涂成膜简化模型,通过喷涂点涂料厚度叠加计算出涂层厚度,但无法应用于复杂形面涂层厚度仿真。采用基于喷涂成膜机理的 CFD 仿真并修正喷涂作业轨迹即可解决这一难题,涂层厚度 CFD 仿真是未来的发展方向。

7.1 涂层厚度 CFD 仿真概念

CFD 是流体力学的一个分支,采用数值分析和算法来求解和分析流体流动问题,利用计算机完成模拟液体和气体与作用表面(定义为边界条件)的交互作用,以解决各种实际问题。它用数值方法求解非线性联立的质量、动量、能量、组分及自定义标量等微分方程组,求解结果能够预报流动、传热、传质等过程的细节,已成为科学计算和工程设计的有力方法和工具。

　　CFD 问题的求解过程如图 7.1[127] 所示。CFD 求解应首先建立控制方程,确定初始条件及边界条件,划分计算网格,生成计算节点,接着建立离散方程,离散初始条件及边界条件,给定求解控制参数,求解离散方程,判断解是否收敛,最后显示和输出计算结果。如果所求解的问题是瞬态问题,则可将图 7.1 的过程视为一个时间步的计算过程,需循环该过程求解下个时间步的解。

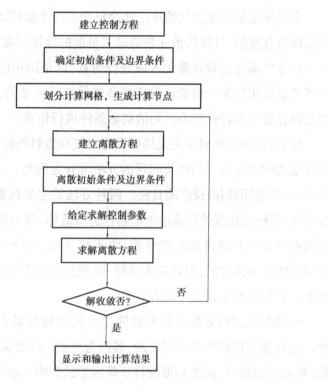

图 7.1　CFD 求解流程框图

　　涂层厚度 CFD 模拟法是从涂层形成本质机理上来研究问题,利用计算流体动力学结合实验数据模拟计算涂层厚度,理论上可适用于各种条件的喷涂涂层厚度仿真。CFD 模拟法可充分考虑喷涂影响因素,能够得到喷雾流场和涂层厚度的详细分布,不仅对喷涂作业规划具有重要意义,也可用于改进和研发喷枪,因而涂层厚度 CFD 模拟法受到国内外研究者的青睐。

　　涂层厚度 CFD 模拟首先建立喷涂条件,接着将喷涂过程按时间先后顺序分为雾化过程、喷雾过程和碰撞黏附过程,并分别建立模型,最后求解模型即可得到涂层厚度分布。

建立喷涂条件是空气喷涂成膜 CFD 模拟研究的前提。喷涂条件需先建立喷枪和喷涂目标壁面模型,然后对喷涂控制域进行网格划分。动态喷涂建模需设定移动区域和喷枪轨迹,同时结合动网格解决流场形状由于边界运动随时间改变的问题。

涂料雾化是压缩空气的冲击使涂料变成细小涂料微粒的过程。该过程机理极其复杂,计算代价非常高昂。早期的涂层厚度 CFD 模拟研究通常不对涂料雾化过程和雾化区域进行仿真,而是用相位多普勒测量仪等仪器测量雾化后某一位置涂料流场和气体流场的参数,然后将液滴的速度和粒径分布等特性作为已知的初始条件进行仿真。

喷雾过程中,涂料雾化流场可视为空气和涂料微粒的两相流。目前,流体动力学理论处理两相流问题的方法可分为两类:一类运用欧拉-欧拉法,另一类运用欧拉-拉格朗日法。两种方法的主要区别是:欧拉-欧拉法在空气-颗粒两相流的建模中把涂料作为拟流体,认为涂料液滴与气相是共同存在且相互渗透的连续介质,两相都在欧拉坐标系下处理计算;欧拉-拉格朗日法则将气相处理为连续相,把涂料颗粒视为离散相,离散相颗粒在拉格朗日坐标系下处理计算。

碰撞黏附过程是涂料微粒碰撞工件表面和湿膜表面形成最终涂料膜。在液滴与壁面发生碰撞之后,其行为受到包括液滴的速度、直径和特性,壁面的粗糙度、温度和形面特征等因素的影响。液滴碰壁一般有 4 种碰壁模式:黏附模式、反弹模式、伸展模式及飞溅模式[128]。研究者们根据不同模拟方法和对 4 种碰壁模式之间临界点的判据,提出了不同的涂料微粒碰壁模型,满足黏附条件的液滴沉积在喷涂目标壁面形成涂膜,涂膜厚度不断累积形成涂层。

根据对空气和涂料微粒两相流的处理方式的不同,涂层厚度 CFD 模拟法分为欧拉-欧拉法和欧拉-拉格朗日法,两种方法在原理及处理方式等方面有较大的不同。

7.2 欧拉-欧拉法

欧拉-欧拉法是在空气-涂料两相流的建模中使用双流体模型,把涂料颗粒作为拟流体,认为涂料液滴与气相是共同存在且相互渗透的连续介质,各相都在欧拉坐标系下处理计算。它可完整地考虑颗粒相的各种湍流输运过程,计算结果可给出颗粒相空间速度和浓度的分布的详细信息,能够给出颗粒对气体的影响,也能描述颗粒在气流中的湍流混合过程。其颗粒相的求解方法同气体相一样,可用统一的数值方法,计算量比欧拉-拉格朗日模型小。但其不足是建立过程相对复杂一些,计算占用内存稍多[103]。

基于欧拉-欧拉法的涂层厚度 CFD 模型主要包含两相流基本控制方程、湍流模型、近壁区壁面函数和液滴沉积模型。

(1)喷雾两相流基本控制方程

欧拉-欧拉法将液滴相视为连续的流体,在喷雾流场每个位置,气相和液相共存并且相互渗透,一个相所占的体积无法再被另一个相占有。每一相占有控制体的比率称为相体积率,用 α_q 表示,各相体积率之和等于 1,即

$$\alpha_g + \sum_{l=1}^{n} \alpha_l = 1 \tag{7.1}$$

式中 α_g——气相(gas phase)体积率;

α_l——液滴相(liquid droplet phase)体积率;

n——不同液滴尺寸的液滴相的个数。

当 $n=1$ 时,表示只有一种尺寸的液滴,这种喷雾称为单分散喷雾(monodispersed spray);当 $n \geq 1$ 时,表示有多种尺寸的液滴,这种喷雾称为多分散喷雾(polydispersed spray)。

由于欧拉-欧拉法将液滴相视为与空气相类似的连续流体,所以液滴

相和空气相的控制方程具有相同的形式。根据模型假设忽略流动中的传热现象,故不建立能量守恒方程,只建立各相的质量和动量守恒方程,如式(7.2)和式(7.3)所示。

质量守恒方程为

$$\frac{\partial \alpha_q \rho_q}{\partial t} + \nabla \cdot (\alpha_q \rho_q v_q) = 0 \tag{7.2}$$

式中　α_q——相体积率;

　　　ρ_q——q 相的密度;

　　　v_q——q 相的速度;

下标 q 为 g 和 l 时,分别表示气相和液滴相。

动量守恒方程为

$$\frac{\partial}{\partial t}(\alpha_q \rho_q v_q) + \nabla \cdot (\alpha_q \rho_q v_q v_q) = -\alpha_q \nabla p + \nabla \tau_g + \boldsymbol{F}_{d,q} \tag{7.3}$$

式中　p——相共用的压力;

　　　T_q——q 相的黏性应力;

　　　$\boldsymbol{F}_{d,q}$——拽力。

喷雾流场中的液滴为可视为球形,而且由于空气与液滴的密度比远小于 1,所以拽力 $\boldsymbol{F}_d$ 可根据 Schiller-Naumann 提出的拽力模型进行计算。

当式(7.3)中的下标 q 为 l 时,即该方程为液滴相动量守恒方程时,空气相对其拽力为

$$\boldsymbol{F}_{d,l} = \frac{\rho_l \alpha_l}{\tau_l}(v_g - v_l) \tag{7.4}$$

式中　τ_l——液滴松弛时间。

$$\tau_l = \frac{4}{3}\frac{\rho_l d_l^2}{\mu_g C_D Re_l} \tag{7.5}$$

式中　d_l——液滴直径;

　　　C_D——拽力系数;

　　　Re_l——液滴雷诺数。

$$C_D = \begin{cases} 24(1 + 0.15Re_l^{0.687})/Re_l & Re_l \leqslant 1\,000 \\ 0.44 & Re_l > 1\,000 \end{cases} \tag{7.6}$$

$$Re_l = \frac{\rho_g d_l \mid v_g - v_l \mid}{\mu_g} \tag{7.7}$$

当式(7.3)中的下标 q 为 g,即该方程为气相动量守恒方程时,其拽力可写为空气相对所有液滴相拽力的反作用力之和

$$F_{d,g} = -\sum F_{d,l} \tag{7.8}$$

(2)湍流模型

气相和液滴相湍流运动采用 dispersed k-ε 湍流模型进行计算。此模型中,用修正的标准 k-ε 湍流模型来模拟液相湍流,该模型考虑了气液两相间的湍流动量传递[130],液滴相湍流模拟则基于 Tchen 提出的均相湍流粒子扩散理论。

1)气相湍流方程

采用涡旋黏度模型计算平均脉冲值,因此动量守恒方程式(7.3)中的黏性应力张量由式(7.9)计算

$$\tau_g = \rho_g \nu_{t,g}(\nabla v_g + \nabla v_g^T) - \frac{2}{3}(\rho_g k_g + \rho_g \nu_{t,g} \nabla v_g) I \tag{7.9}$$

式中　$\nu_{t,g}$——气相运动黏度;

I——3 阶单位矩阵。

湍流黏度为

$$\mu_{t,g} = \rho_g C_\mu \frac{k_g^2}{\varepsilon_g} \tag{7.10}$$

湍流动能 k_l 及其耗散率 ε_l 的标量方程为

$$\frac{\partial}{\partial t}(\alpha_g \rho_g k_g) + \nabla \cdot (\alpha_g \rho_g v_g k_g) = \nabla \cdot \left(\alpha_g \frac{\mu_{t,g}}{\sigma_k} \nabla k_g\right) + \alpha_g G_{k,g} -$$
$$\alpha_g \rho_g \varepsilon_g + \alpha_g \rho_g \prod_{k,g} \tag{7.11}$$

$$\frac{\partial}{\partial t}(\alpha_g \rho_g \varepsilon_g) + \nabla \cdot (\alpha_g \rho_g v_g \varepsilon_g) = \nabla \cdot \left(\alpha_g \frac{\mu_{t,g}}{\sigma_\varepsilon} \nabla \varepsilon_g\right) +$$

$$\alpha_g \frac{\varepsilon_g}{k_g}(C_{1\varepsilon}G_{k,g} - C_{2\varepsilon}\rho_g\varepsilon_g) + \alpha_g\rho_g\prod_{\varepsilon,g} \tag{7.12}$$

式中,气相湍流动能生成项为

$$G_{k,g} = \frac{1}{2}\mu_{t,g}[\nabla v_g + (v_g)^T]^2 \tag{7.13}$$

因相间动量交换引起的附加湍流动能项为

$$\prod_{k,g} = \sum_{l=1}^{M}\frac{K_{lg}}{\alpha_g\rho_g}X_{lg}[k_{lg} - 2k_g + (v_l - v_g)\cdot v_{dr}] \tag{7.14}$$

式中 M——液滴相的粒径种类的数量;

K_{lg}——连续相气相 g 和分散相液滴 l 的速度协方差;

$X_{lg} = \dfrac{\rho_l}{\rho_l + C_V\rho_g}$,$C_V = 0.5$;

v_{dr}——漂移速度,$v_{dr} = -\left(\dfrac{D_g}{Pr_{gl}\alpha_g}\nabla\alpha_g - \dfrac{D_l}{Pr_{gl}\alpha_l}\nabla\alpha_l\right)$,其中,Prandtl 数

$Pr_{gl} = 0.75$,D_l 和 D_g 分别为液相扩散率和气相扩散率。

因相间动量交换引起的附加湍流耗散率项为

$$\prod_{\varepsilon,l} = C_{3\varepsilon}\frac{\varepsilon_l}{k_l}\prod_{k,l} \tag{7.15}$$

式中,$C_{3\varepsilon} = 1.2$。

2)液相湍流方程

用特征粒子松弛时间表征惯性效应,其计算式为

$$\tau_{F,lg} = \alpha_l\rho_l K_{lg}^{-1}\left(\frac{\rho_l}{\rho_g} + C_V\right) \tag{7.16}$$

沿着粒子轨道计算所得的 Lagrangian 积分特征时间为

$$\tau_{t,lg} = \frac{\tau_{t,g}}{\sqrt{(1 + C_\beta\xi^2)}} \tag{7.17}$$

式中 $\xi = \dfrac{|v_g - v_l|\tau_{t,l}}{L_{t,l}}$,$L_{t,l}$ 为涡流涡旋的特征长度;

$C_\beta = 1.8 - 1.35\cos^2\theta$,$\theta$ 为粒子平均速度与相对平均速度的夹角。

138

将两个特征时间的比值定义为

$$\eta_{gl} = \frac{\tau_{t,lg}}{\tau_{F,lg}}$$

可得

$$k_1 = k_1 \left(\frac{b^2 + \eta_{lg}}{1 + \eta_{lg}} \right) , \quad k_{lg} = 2k_g \left(\frac{b + \eta_{lg}}{1 + \eta_{lg}} \right) \tag{7.18}$$

式中,$b = (1 + C_V) \left(\dfrac{\rho_1}{\rho_g} + C_V \right)^{-1}$。

(3)近壁面函数

上述建立的 $k\text{-}\varepsilon$ 湍流模型只有针对充分发展的湍流才有效。当气相运动到壁面附近时,气相的雷诺数减小,湍流发展并不充分。此时,需要在近壁区域建立近壁区壁面函数配合 $k\text{-}\varepsilon$ 模型使用。

研究表明[103],当充分发展的气相湍流流动遇到固体壁面时,其运动范围可以沿壁面法线方向分为湍流核心区和近壁区。湍流核心区内湍流发展完全,而近壁区内湍流发展不充分。根据湍流发展程度以及起主导作用的力的差别,近壁区可分为三层,即黏性底层、过渡层和充分发展湍流层。

气相在湍流核心区的流动可以用湍流模型表示,当气相在近壁面区域流动时,其控制方程不能完全由标准 $k\text{-}\varepsilon$ 模型决定。目前,主要应用两种方法解决气相在近壁区域的流动问题:一种方法是通过求解气相在近壁区域的流动状态的方程。当采用这种方法时,要求在近壁区附近的网格划分得比较细密。另一种方法是不直接对固体壁面附近区域的气相湍流运动进行求解,而是利用公式的方法将近壁区域气相流动的物理量跟气相在湍流核心区流动时相应的物理量联系起来,这就是壁面函数法。

由于在低 Re $k\text{-}\varepsilon$ 模型中,近壁区内受黏性影响较大的区域必须划分足够密的网格才能达到计算要求,增加了计算量。因此,为提高计算效率,使用壁面函数法来求解气相在近壁区的流动问题。

壁面函数法是在远离壁面的气相湍流核心区域使用 $k\text{-}\varepsilon$ 模型进行求解,壁面上的气相的物理参数利用公式与湍流核心区域内的求解变量相互关联。利用壁面函数法就不需要对壁面附近的网格进行加密处理,仅需在充分发展湍流层内布置一个节点即可。如图 7.2 所示,节点 P 布置在充分发展湍流层,通过壁面函数法,便可以求得气相在过渡层和黏性底层的物理量。

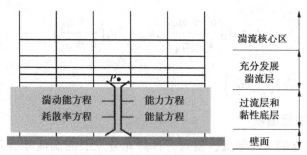

图 7.2　壁面函数法示意图

为了用公式描述充分发展湍流层和黏性底层的流动,用参数 u^+ 和 y^+ 分别表示速度和距离

$$u^+ = \frac{u}{u_\tau} \tag{7.19}$$

$$y^+ = \frac{\Delta y \rho u_\tau}{\mu} = \frac{\Delta y}{\nu}\sqrt{\frac{\tau_w}{\rho}} \tag{7.20}$$

式中　u——流体的速度;

　　　u_τ——壁面摩擦速度,$u_\tau = (\tau_w/\rho)^{1/2}$;

　　　τ_w——壁面切应力;

　　　Δy——到壁面的距离。

当和壁面节点 P 相邻的控制体积的节点满足 $y^+ > 11.63$ 时,就认为流动已经进入了充分发展湍流层,这时,速度 u^+ 可以通过下式得到

$$u^+ = \frac{1}{k}\ln y^+ + B = \frac{1}{k}\ln(Ey^+) \tag{7.21}$$

式中　k——Karman 常数;

　　　B 和 E——与壁面表面粗糙度有关的常数。

由于油气设施设备主要为钢材质,其表面粗糙度 K_s 为 0.05 mm,粗糙

度常数 C_s 为 0.5，根据手册[115]，取 $k = 0.4, B = 5.5, E = 9.8, B$ 的数值随着表面粗糙度的增加而减小，y^+ 按下式计算：

$$y^+ = \frac{\Delta y_P (C_\mu^{1/4} k_P^{1/2})}{\mu} \tag{7.22}$$

$$\tau_w = \frac{\rho C_\mu^{1/4} k_P^{1/2} \mu_P}{\mu^+} \tag{7.23}$$

式中　Δy——节点 P 到壁面的距离；

u_P——节点 P 的时均速度；

k_P——节点 P 的湍动能；

μ——流体的动力黏度。

(4) **液滴沉积模型**

1) 液膜守恒方程

液滴沉积模型通过建立液膜的运动方程求解壁面上液膜的流动和液膜厚度，该模型基于欧拉液膜模型[131]建立，包括液膜质量和动量守恒方程。

液膜质量守恒方程为

$$\frac{\partial h}{\partial t} + \nabla_s \cdot (h \cdot v_f) = \frac{\dot{m}_s}{\rho_1} \tag{7.24}$$

式中　ρ_1——液膜密度；

∇_s——曲面梯度算子；

H——液膜厚度；

v_f——液膜速度；

$\dot{m}_s$——单位壁面面积液膜的质量源。

液膜动量守恒方程为

$$\frac{\partial h v_f}{\partial t} + \nabla_s \cdot (h v_f v_f) = - \frac{h \nabla_s P_1}{\rho_1} + \frac{3}{2\rho_1} \tau_{fs} - \frac{3 v_f}{h} v_1 + \frac{\dot{q}_s}{\rho_1} \tag{7.25}$$

式中，右侧第 1 项代表液膜压力 P_1，为空气流动压力 P_{gas} 与液膜表面张力 P_σ 之和，其中 $P_\sigma = -\sigma \nabla_s \cdot (\nabla_s h)$；右侧第 2 项代表空气涂膜界面黏性剪

切力 τ_{fs} 的作用；右侧第 3 项代表液膜内黏滞力的作用，ν_l 为液体运动黏度；右侧第 4 项代表液膜方程的动量源 $\dot{m}_s$ 的作用。

2）液膜质量和动量源

喷雾流场中涂料液相接触壁面并沉积成膜过程中，液相的质量和动量从喷雾流场两相流中移出，作为源项加入液膜的质量守恒方程［式（7.24）］和动量守恒方程［式（7.25）］中。

液膜质量源项为

$$\dot{m}_s = \alpha_l \rho_l v_{ln} \qquad (7.26)$$

式中 v_{ln}——液相速度；

v_l——垂直于壁面的分量。

液膜动量源项为

$$\dot{q}_s = \dot{m}_s v_l \qquad (7.27)$$

式中 v_l——液相速度矢量。

7.3 欧拉-拉格朗日法

不同于欧拉-欧拉法，欧拉-拉格朗日法将空气-涂料微粒两相流中的气相处理为连续相，把涂料颗粒视为离散相，气相在欧拉坐标系下处理计算，离散相颗粒在拉格朗日坐标系下处理。该方法物理意义简明、方程形式较简单，便于对单独的涂料颗粒运动进行跟踪和计算，其不足是随着颗粒数的增加，所需的计算时间将呈指数增长，对计算机性能要求很高，模型用于实际工程动态喷涂问题的计算量太大，同时难以处理颗粒的湍流扩散，描述喷雾流场中大批量的液滴的流动和沉积非常困难，不易推广到三维及高浓度情况。

欧拉-拉格朗日法对两相流采用离散相模型模拟，需要对连续相和离散相分别建立控制方程。

（1）**气相的数学模型**

欧拉-拉格朗日法假定离散相的体积分数很低,对连续相没有影响,流场中连续相的体积分数 α_g 为 1,故而由式(7.1)可得气相的质量守恒方程为

$$\frac{\partial \rho_g}{\partial t} + \nabla \cdot (\rho_g v_g) = 0 \tag{7.28}$$

式中　ρ_g——气相的密度;

　　　v_g——气相的速度。

同理,由式(7.2)可得气体的动量守恒方程为

$$\frac{\partial}{\partial t}(\rho_g v_g) + \nabla \cdot (\rho_g v_g v_g) = -\nabla p + \nabla \cdot \tau_g + F_{d,g} \tag{7.29}$$

式中　τ_g——气相的黏性。

（2）**离散相的数学模型**

涂料液滴在喷雾流场中的位置是通过计算液滴的受力平衡方程得到的。涂料液滴在喷雾流场中受到的作用力主要有自身的重力和气相流场的拽力。

直角坐标系下,涂料液滴的受力平衡方程为

$$\frac{dv_d}{dt} = F_{d,1} + \frac{g(\rho_d - \rho_g)}{\rho_d} \tag{7.30}$$

式中　v_d——涂料液滴速度;

　　　ρ_g——气体密度;

　　　ρ_d——涂料密度;

　　　$F_{d,1}$——气流对液滴的拽力,可参照式(7.4)—式(7.7)进行计算。

（3）**湍流模型**

1)气相湍流方程

采用欧拉-拉格朗日法建立喷雾传输模型,其气相的湍流模型也采用标准 $k\text{-}\varepsilon$ 模型,与式(7.9)—式(7.13)一致。与欧拉-欧拉法不同点在于,该模型中不考虑液滴相湍流对气相的影响,这一影响在模型求解时通

过将两相进行耦合求解引入(见式 7.22)。所以分别去掉式(7.11)和式(7.12)的最后一项,可得气相的湍流动能 k 及其耗散率 ε 的标量方程为

$$\frac{\partial}{\partial t}(\rho_g k_g) + \nabla \cdot (\rho_g v_g k_g) = \nabla \cdot \left(\frac{\mu_{t,g}}{\sigma_k} \nabla k_g\right) + G_{k,g} - \rho_g \varepsilon_g \quad (7.31)$$

$$\frac{\partial}{\partial t}(\rho_g \varepsilon_g) + \nabla \cdot (\rho_g v_g \varepsilon_g) = \nabla \cdot \left(\frac{\mu_{t,g}}{\sigma_\varepsilon} \nabla \varepsilon_g\right) + \frac{\varepsilon_g}{k_g}(C_{1\varepsilon} G_k - C_{2\varepsilon} \rho_g \varepsilon_g)$$

$$(7.32)$$

2)液滴相湍流

液滴在气相流场中的湍流扩散采用随机轨道模型。液滴的轨迹通过对式(7.30)进行积分得到,在采用式(7.4)—式(7.7)计算其中的拽力 **F** 时,气相速度采用其瞬时速度为 $v = \bar{v} + v'$,从而可以考虑液滴相的湍流扩散。当用这种方法计算足够多的液滴运动时,液滴相整体的湍流扩散就可以得以体现。

(4)液滴沉积模型

采用欧拉-拉格朗日建立喷涂成膜模型,其中的液滴沉积模型同样包括液膜守恒方程及其质量和动量守恒方程,与式(7.24)—式(7.27)一致。

7.4 喷涂模拟

7.4.1 模型与网格划分

喷枪建模原型为特威公司的自动空气喷枪,喷枪空气帽模型如图7.3所示。模型中心是涂料入口孔,孔径为 1.1 mm。涂料入口孔外侧是环形的中心雾化孔,中心雾化孔两侧分别排列两个辅助雾化孔,能够对涂料液滴产生二次雾化,同时可保持空气帽的清洁。空气帽两侧喇叭口上分别布置两个扇面控制孔,可提供与主雾化气流一定角度的气流,通过调节扇面控制孔的空气流量及压力,能够控制喷涂的

喷幅及喷雾图形。

　　以平面喷涂为例,根据空气喷枪空气帽的尺寸与喷雾流场模拟计算的需要,喷涂流体控制域采用 400 mm×600 mm×200 mm 六面体,空气帽位于控制域底面中心,六面体上表面为喷涂目标壁面,空气帽垂直于目标壁面,中心雾化孔与喷涂目标壁面距离(即喷涂距离)为 180 mm,坐标原点取中心雾化孔的圆心位置,如图 7.4 所示。

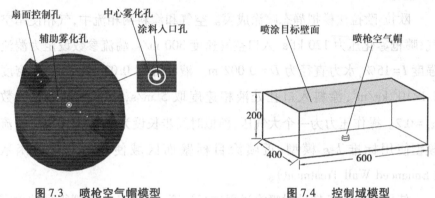

图 7.3　喷枪空气帽模型　　　　　　　　图 7.4　控制域模型

　　由于计算中划分的网格由空气帽附近到距离喷嘴较远的地方体积变化很大,而且喷枪喷涂时流体的流动情况比较复杂,因此,控制域网格划分采用了非结构化网格。同时,喷枪喷嘴出口处、近目标壁面等区域几何结构相对比较小,流体流动的参数梯度变化比较大,且是流动需要重点关注的区域,故需对其进行局部网格加密。喷枪空气帽和控制域网格划分如图 7.5 和图 7.6 所示。

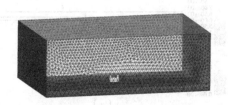

图 7.5　喷枪空气帽网格划分　　　　　图 7.6　控制域网格划分

7.4.2 静态喷涂模拟

静态喷涂是指喷枪相对壁面不动的喷涂。静态喷涂通常用来获得涂层厚度分布模型,而涂层厚度分布模型是涂层厚度计算、喷涂作业规划及优化的基础。下面分别介绍欧拉-欧拉法和欧拉-拉格朗日法模拟静态喷涂成膜。

欧拉-欧拉法模拟静态喷涂成膜。空气和涂料两相流中,气相使用空气,喷枪雾化压力 120 kPa,入口空气速度 300 m/s,湍流参数设定为湍流强度 $I=15\%$,水力直径为 $D=0.002$ m。液相黏度 0.038 96 Pa·s,密度 1.2×10^3 kg/m³,涂料入口孔处液相速度取 5 m/s,液相所占体积分数 $\alpha_d=0.2$。操作压力为一个大气压,模拟时间步长设为 $\Delta t=1\times10^{-4}$ s。湍流模型使用标准 $k\text{-}\varepsilon$ 模型,近喷涂目标壁面区域使用增强壁面函数(Enhanced Wall Treatment)。

使用 FLUENT 软件对喷涂过程进行计算。图 7.7 为模拟得到的喷雾流场。液相在离开涂料入口孔后,初始速度极小,在雾化孔气流的带动下,液相与气相发生动量交换,液相速度迅速提升。扇面控制孔对喷雾流场能够起到塑形作用。扇面控制口的气流可将主雾化孔和涂料入口喷出的喷雾压扁,形成椭圆形的喷雾。因此,喷雾流场的横截面和纵截面形状有很大的差异。其中,图 7.7(a)为控制域横截面液相速度分布,图 7.7(b)为纵截面液相速度分布。当扇面控制孔气流压力过高时,会扰乱喷雾流场,造成喷雾流场变形。

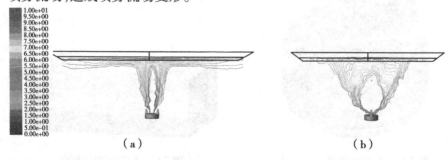

图 7.7　喷雾流场内液相速度分布

液相与气相充分混合,液相在高速气流的带动下输运至壁面。液相在接近壁面时,速度迅速下降,与壁面发生碰撞形成液膜。部分液滴未接触到壁面,而是在距壁面很近处平行于壁面流动,流出控制域。由此可知,发生喷逸现象主要是由于气流在壁面表面形成气垫,带动液相运动向壁面两侧,散发在周围空气中。

液相在气流的输运下到达喷涂目标壁面形成喷雾图形。喷雾图形中液相分布主要集中在壁面正对喷枪处,随着与中心距离的增加,液相体积分数迅速减少,而在远离中心处几乎没有液相分布。随着越来越多液相被输运到壁面,液相在壁面上越积越厚。

模拟发现,喷雾图形与液相在壁面上的体积分布联系密切。当扇面控制孔压力 P_f 为 0 时,液相在壁面上分布为近似圆形,如图 7.8(a)所示。当扇面控制孔打开时,液相在壁面上分布为椭圆形,图 7.8(b)、(c)分别为扇面控制孔压力 P_f 为 40 kPa 和 70 kPa 时的液相分布。当扇面控制孔压力 P_f 超过 100 kPa 时,液相在壁面上分布越来越扁,近似橄榄形,如图 7.8(d)所示。由此可知,喷雾图形受扇面控制孔压力影响,当扇面控制孔关闭时,喷雾图形为圆形;当扇面控制孔打开时,喷雾图形为椭圆形,随着扇面控制孔压力的增加,椭圆度随之增大;当扇面控制孔压力较大时,喷雾图形为橄榄形。

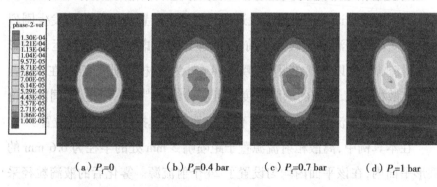

(a)P_f=0   (b)P_f=0.4 bar   (c)P_f=0.7 bar   (d)P_f=1 bar

图 7.8   不同扇面压力下液相在喷涂目标壁面的分布

图 7.9 表示扇面控制孔压力 P_f 为 70 kPa 时得到的平面上液膜厚度分布。液膜在壁面上呈近似椭圆形对称分布,椭圆形长轴 25 cm,短轴 12 cm。液膜厚度在椭圆形中心处最大,并沿着椭圆形的长短半轴方向逐

渐减小,同时长半轴和短半轴上涂层厚度减小速率明显不同。该模拟结果与涂层厚度仿真计算常用的椭圆双 β 模型涂层厚度分布非常相似。在椭圆形区域外,则几乎没有液相黏附在壁面上形成液膜。液膜分布较紧凑,表面光滑,这是由于液膜表面张力促使液膜表面收缩,从而得到光滑的液膜表面。

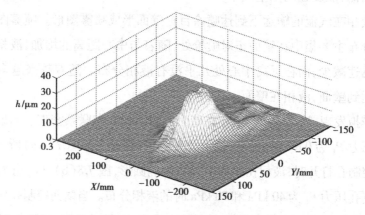

图 7.9　液膜厚度分布

与欧拉-欧拉法不同,欧拉-拉格朗日法模拟喷涂成膜需要直接定义离散相颗粒的起始位置、直径、速度及其他参数,作为仿真的初始条件。可通过创建射流源,并对其设定各种属性来定义颗粒的参数。

射流源通常选在距离喷嘴很近的位置。该位置应取在气流发生剧烈的湍流变化和液滴发生破碎之前,以能够充分考虑气流对液滴运动的影响。射流源位置以设置在距离喷嘴 3~4 mm 为宜,模拟研究表明,在该位置加入离散相颗粒,得到的涂膜厚度接近实验结果[61-62]。但是,不同的喷枪在不同的工况下流场骤变的位置不同,需要通过模拟仿真确定此位置[55]。

在本算例中,离散相射流源置于距喷嘴 3 mm 处的半径为 0.6 mm 的圆形平面内,在该平面内均匀设置了 24 个射流源。雾化后的液滴粒径采用希克斯的测量数据[132]。液滴的粒径分布采用经验分布函数罗辛-罗姆勒分布,它是以积累体积分数来表达的,表达式为

$$V_c = 1 - \exp\left[-\left(\frac{d}{\bar{d}}\right)^n\right] \tag{7.33}$$

式中　V_c——粒径在 d 以下的所有颗粒的体积与总体积的比值；

　　　$\overline{d}$——颗粒平均直径,本例 $\overline{d}$ 取 38μm；

　　　n——均匀度指数,n 值越大,颗粒的尺寸分布越均匀,本例 n 取

　　　　2.11。

离散相的时间步长设定为 $\Delta t = 5 \times 10^{-5}$ s,颗粒的亚松弛因子设为 0.3。对于控制方程的离散化,动量方程、湍流动能和湍流动能耗散率均采用较为精确的二阶迎风格式。其他边界条件和初始条件的设置基本与欧拉-欧拉法相同。

如图 7.10—图 7.12 所示,扇面控制孔压力 P_f 为 30 kPa 时注入射流源后不同时刻的喷雾情况。

图 7.10　6 ms 形成的喷雾

图 7.11　10 ms 形成的喷雾

图 7.12　80 ms 形成的喷雾

液滴从喷嘴离开后大约经过 10 ms 到达壁面,并在 80 ms 后,喷雾已经充分形成,液滴在喷涂表面开始形成椭圆覆盖层,其最大厚度约为 21 μm,如图 7.13 所示。

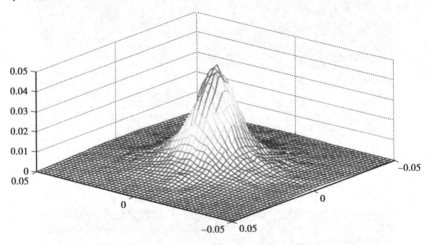

图 7.13　涂层厚度分布图

7.4.3　动态喷涂模拟

动态喷涂是指喷枪相对壁面发生运动的喷涂。工业喷涂作业时,喷枪按规划好的轨迹以一定的速度移动,涂料沉积形成涂层。因此,在实际应用中,只有动态喷涂涂层厚度分布才有意义。动态喷涂涂层厚度仿真有两种方法:一种是利用静态喷涂涂层模型积分;另一种是动态喷涂 CFD 模拟。

静态喷涂涂层模型积分法是根据静态喷涂壁面上涂膜厚度分布建立静态喷涂涂层模型,静态喷涂涂层模型对时间进行积分可得到动态喷涂涂层模型。

静态喷涂涂层模型为

$$\frac{\mathrm{d}h(x,y,t)}{\mathrm{d}t} = f(x,y,a(t),t) \tag{7.34}$$

式中　$h(x,y,t)$——t 时刻壁面上点 (x,y) 处涂层累积厚度;

　　　t——喷涂时间;

　　　$a(t)$——喷枪位置。

动态喷涂涂层模型为

$$H(x,y) = \int_0^{t_t} f(x,y,a(t),t)\,\mathrm{d}t \tag{7.35}$$

式中　$H(x,y)$——动态喷涂涂层厚度;

　　　(x,y)——喷涂目标壁面上任意点;

　　　t_t——喷涂总时间。

使用 MATLAB 软件利用欧拉-欧拉法得到的静态喷涂涂膜厚度分布进行动态喷涂数值仿真计算,喷枪按照设定沿 X 方向移动,移动速度 $V=$ 0.12 m/s,得到动态涂层厚度分布,如图 7.14 所示。涂层截面厚度分布拟

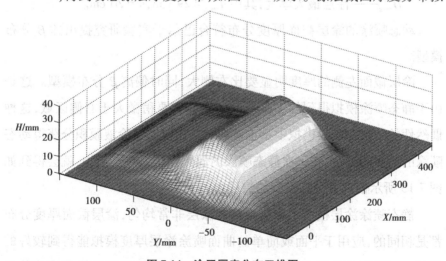

图 7.14　涂层厚度分布三维图

151

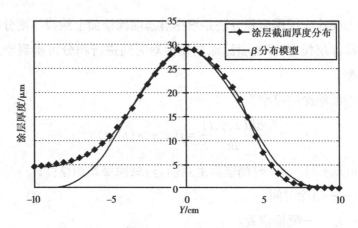

图 7.15　涂层厚度分布及 β 分布模型拟合

合曲线如图 7.15 所示。拟合度为 96.41%，用公式可表示为

$$H(y) = H_{\max}\left(1 - \frac{4y^2}{W^2}\right)^{\beta-1} \tag{7.36}$$

式中　$H(y)$——涂层厚度;

　　　y——在与喷枪速度垂直的宽度方向上以涂层最大厚度点为起始点的坐标, $y \in [-0.5W, 0.5W]$;

　　　W——喷幅宽度;

　　　$H_{\max}$——涂层最大厚度, 其中 $T_{\max} = 29$ μm, $w = 20$ cm。

　　动态喷涂的涂层截面厚度分布符合巴尔干实验研究提出的 β 分布模型。

　　涂层截面左侧的厚度明显要比右侧大, 同时偏离 β 分布模型。这是由于静态喷涂模拟得到的涂膜左侧区域厚度要稍微大于右侧区域, 这种偶然性的结果在喷涂模拟中是正常的。使用静态喷涂液膜积分获得动态喷涂的涂层的方法, 将一次静态喷涂的偶然性结果重复累加, 就会得到如图 7.15 所示偏离 β 分布模型的涂层。

　　静态喷涂涂层模型积分法得到的涂层非常均匀, 涂层截面厚度分布都是相同的, 应用于平面或简单的曲面喷涂涂层厚度模拟能得到较好的结果。但是当喷涂复杂形面时, 不规则的形面会对喷雾流场和成膜特性有很大的影响。喷涂作业轨迹和喷涂参数需根据复杂形面特征不断调整。故在喷涂过程中,喷雾流场是随时间不断变化的,造成复杂形面各部分喷涂成膜特性有明显的差别。因此,静态喷涂涂层模型积分法并不适用于复杂形面动态喷涂涂层厚度仿真。

动态喷涂 CFD 模拟能够较好地解决复杂形面涂层厚度仿真问题。动态喷涂 CFD 模拟可使用动喷枪法[56]或动壁面法[58]。动壁面法是指喷枪位置固定,壁面运动的喷涂方法。该方法的优势在于不用使用动网格,计算量相对较小,但是受限制较多,所以并不常用。动喷枪法是指喷枪移动,壁面位置固定的喷涂方法。动喷枪法能够较好地模拟喷雾流场随喷枪移动而发生的变化。

通常情况下动喷枪法需要结合动网格模型,实现计算中网格的动态变化,以解决流场形状由于边界运动随时间改变的问题。动网格法常用的有两种模型:一种是弹性光顺模型结合局部重构模型;另一种是铺层模型。模拟研究表明,第一种弹性光顺模型结合局部重构模型更适合于动喷枪法喷涂模拟[133]。如图 7.16 所示,随着喷枪向右移动,喷枪右侧的网格被压缩,而左侧的网格被拉伸,当网格扭曲率过大或尺寸过小的时候,网格自动局部重构以满足网格扭曲率和尺寸的要求。

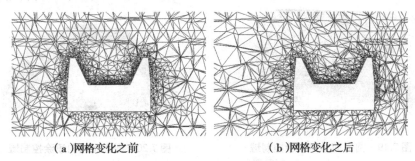

（a）网格变化之前　　　　　　　　（b）网格变化之后

图 7.16　网格动态变化示意图

由于喷枪的运动区域和运动路径都是已知并事先规划好的,因此,可将控制域划分为两个区域:一个为运动区域;另一个为静止区域。为保证计算精度,同时限制总的网格数和网格尺寸,运动区域内网格划分要加密,静止区域内的网格划分可相对稀疏。

平面喷涂控制域如图 7.17 所示。控制域内包括一个喷枪运动区域,喷枪在该区域内直线运动,网格随喷枪的移动而变化。运动区域之外,控制域内其他区域为静止区域,静止区域内网格不发生变化,网格划分如图7.18 所示。

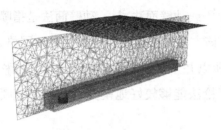

图 7.17　平面喷涂控制域

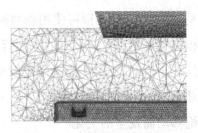

图 7.18　平面喷涂网格划分截面图

喷涂圆弧面内壁当采用横向喷涂法,喷枪沿轴向移动喷涂时,控制域划分和平面喷涂控制域类似,如图 7.19 所示。当采用周向喷涂,喷枪沿周向旋转喷涂时,喷枪始终垂直于圆弧面,且喷枪与喷涂表面的喷涂距离不变。由于喷枪只需在小范围内旋转,运动的幅度较小,同时喷枪壁面附近网格已相对较密,故可以不用单独设置喷枪移动区域。控制域划分如图 7.20 所示。

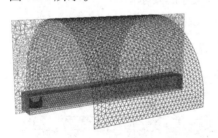

图 7.19　圆弧面轴向喷涂控制域

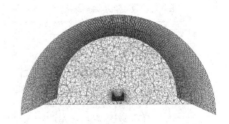

图 7.20　圆弧面周向喷涂控制域

因为欧拉-拉格朗日法和欧拉-欧拉法有很多共通之处,下面仅分析欧拉-欧拉法模拟动态喷涂算例。

平面喷涂模拟,设置喷涂目标壁面尺寸为 300 mm×300 mm,喷枪距离壁面 180 mm,喷枪初始位置距离壁面 100 mm,沿 X 轴以 0.12 m/s 速度移动。图 7.21 为喷涂过程中的喷雾流场变化。喷枪位于壁面之外时,涂料流出控制域,喷雾流场为圆锥形,如图 7.21(a)所示。当喷枪运动到壁面上方时,由于壁面的阻碍,喷雾流场发生骤变,喷雾范围明显增大,如图 7.21(b)所示。当喷枪位于壁面的中间位置时,喷流流场是对称的,由于喷枪的移动,喷雾流场向喷枪移动的后方略微倾斜。此时的喷雾形状比较稳定,喷雾流场与静态喷涂的喷雾流场非常相似,如图 7.21(c)所示。喷枪离开壁面的过程喷雾流场的变化与进入壁面范围时的变化类似,如图 7.21(d)所示。

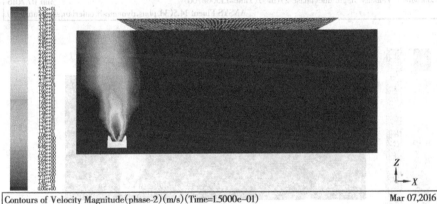

Contours of Velocity Magnitude(phase-2)(m/s)(Time=1.5000e-01)　　　Mar 07,2016
ANSYS Fluent 14.5(3d,pbns,dynamesh,eulerian,ske,transient)

(a)

Contours of Velocity Magnitude(phase-2)(m/s)(Time=4.5000e-01)　　　Mar 07,2016
ANSYS Fluent 14.5(3d,pbns,dynamesh,eulerian,ske,transient)

(b)

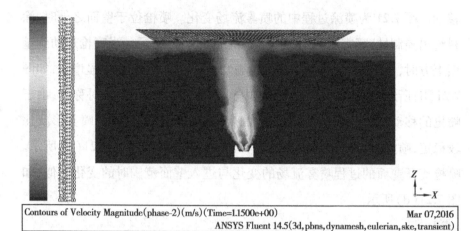

Contours of Velocity Magnitude(phase-2)(m/s)(Time=1.1500e+00)　　Mar 07,2016
ANSYS Fluent 14.5(3d,pbns,dynamesh,eulerian,ske,transient)

（c）

Contours of Velocity Magnitude(phase-2)(m/s)(Time=1.9500e+00)　　Mar 07,2016
ANSYS Fluent 14.5(3d,pbns,dynamesh,eulerian,ske,transient)

（d）

图 7.21　平面喷涂喷雾流场

　　圆弧面喷涂模拟,设置喷涂目标圆弧面半径为 180 mm。喷枪沿轴向移动喷涂圆弧面时,喷枪从距离壁面 100 mm 处开始喷涂,喷枪移动速度 $V=0.12$ m/s。喷枪转动喷涂圆弧面内壁时,喷枪始终垂直于壁面,为保证在相同时间内喷枪扫过相等的壁面面积,喷枪以0.67 rad/s角速度转动。圆弧面轴向喷涂和周向喷涂喷雾流场如图7.22和图 7.23 所示。

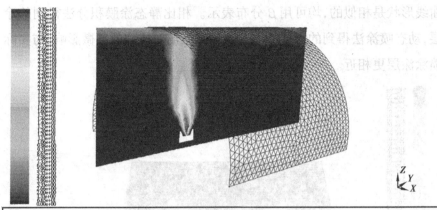

Contours of Veloclty Magnltude (Phase-2) (m/s) (Time=7.5000e-01)　　　　Mar 07,2016
ANSYS Fluent 14.5 (3d,pbns,dynamesh,eulerlan,ske,translent)

图 7.22　圆弧面轴向喷涂喷雾流场

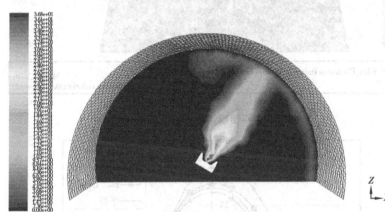

Contours of Veloclty Magnltude (Phase-2) (m/s) (Time=5.0000e-02)　　　　Mar 07,2016
ANSYS Fluent 14.5 (3d,pbns,dynamesh,eulerlan,ske,translent)

图 7.23　圆弧面周向喷涂喷雾流场

喷雾流场处于不断变化的状态,因此涂层厚度以及喷幅也是变化的。平面喷涂模拟涂层厚度分布如图 7.24 所示。由图 7.24 可知,不同截面的涂层厚度以及喷幅有一定的差别。分别取 $x = 50$ mm, $x = 150$ mm 和 $x = 250$ mm 截面,对比不同截面涂层厚度分布,如图 7.25 所示。涂层平均厚度分布曲线最大值为 29 μm。$x = 50$ mm 截面涂层厚度明显大于平均涂层厚度。$x = 150$ mm 和 $x = 250$ mm 截面涂层厚度在平均涂层厚度上下浮动。虽然不同截面上涂层厚度分布有区别,但不同截面上涂层厚度分布

157

曲线形状是相似的,均可用 β 分布表示。相比静态涂膜积分法得到的涂层,动态喷涂法得到的涂层能够反映喷雾流场对成膜的细微影响,与实际喷涂涂层更相近。

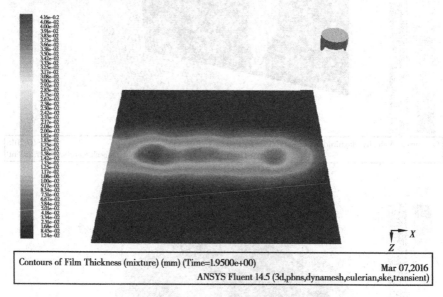

图 7.24　平面喷涂涂层厚度分布

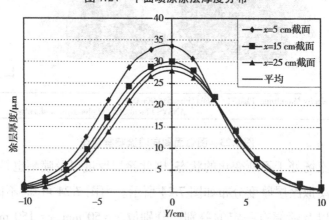

图 7.25　平面喷涂不同截面涂层厚度

　　涂层平均厚度分布曲线可以体现出涂层厚度分布特性。不同喷涂方式涂层厚度分布如图 7.26 所示。由图 7.26 可知,圆弧面轴向喷涂涂层厚度分布与平面喷涂涂层厚度分布有较大的偏差。涂层中间区域厚度明显大于平面喷涂液膜厚度,涂层边缘区域厚度则与平面喷涂液膜厚度相似。涂层中间区域(−2~2 cm)厚度基本相同,没有明显的高峰。圆弧面周向喷涂涂层厚度分布则与平面喷涂涂层厚度分布相似。

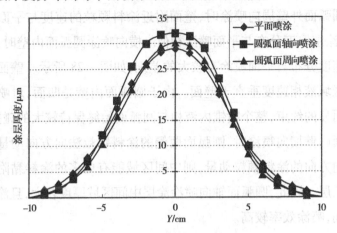

图 7.26　不同喷涂方式涂层厚度分布

　　涂料与壁面的碰撞速度和碰撞角度是涂层厚度分布的重要因素。涂料与壁面的碰撞角度越小,其横向分速度越大,而垂直于壁面的分速度就越小,就更容易克服液相的黏性和表面张力的作用而发生飞溅。如图7.27所示为平面喷涂壁面附近涂料速度矢量图。由图 7.27 可知,壁面附近喷锥内部的涂料的速度比较均匀,速度较大,涂料液滴的碰撞角度为90°,能够黏附在壁面形成涂层。喷锥边缘处的涂料速度较小,同时有一定的横向速度,液相碰撞角度约为 25°。最外侧的液相几乎没有轴向速度,只有横向速度,液相碰撞角度较小。大部分液相虽然接触到壁面,由

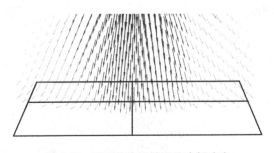

图 7.27　平面喷涂近壁面处涂料速度

于液相的横向方向动量远大于垂直方向动量,发生反弹或飞溅。还有部分液相受壁面表面气垫的干扰,没有接触到壁面,而是随气流带走,散发在空气中。

　　沿圆弧面外壁周向喷涂时,壁面附近涂料颗粒的速度与平面喷涂类似,因此涂层厚度分布与平面喷涂相似。横向喷涂圆弧面内壁时,壁面附近涂料速度分布与平面喷涂有较大的差别,如图 7.28 所示。壁面附近喷锥中间区域液相速度垂直于壁面。由于圆弧面内壁是凹面,对喷雾向外发散有明显的约束,整个喷锥内液相与圆弧面始终保持较大的碰撞角度,故圆弧面内壁横向喷涂时,圆弧面两侧的涂料颗粒法向方向动量大于圆弧面切向方向的涂料颗粒动量,则中间区域能有更多的涂料黏附在壁面上形成涂层。因此,圆弧面轴向喷涂涂层中间区域厚度较大,且涂层厚度基本相同,喷涂效率较高。

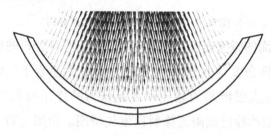

图 7.28　圆弧面轴向喷涂近壁面处涂料速度

　　圆弧面轴向喷涂效率较高,涂层中间区域厚度大于平面喷涂液膜厚度,涂层边缘区域厚度则与平面喷涂液膜厚度相似。涂层中间区域厚度基本相同,没有明显的高峰。圆弧面周向喷涂涂层厚度分布与平面喷涂涂层厚度分布相似。

第 **8** 章

喷涂工艺流程

喷涂工艺流程涉及喷涂工艺过程、步骤和参数,是实施机器人喷涂的必备条件,也是提高涂层质量的重要途径。曲管喷涂机器人用于生产性喷涂前,必须进行曲管喷涂试验,以检验喷涂工艺流程的有效性和适用性。喷涂工艺流程必须结合涂料喷涂实验和喷涂作业轨迹规划确定,通常基本喷涂参数通过对比实验确定。典型曲管喷涂工艺流程为:喷涂准备→底漆喷涂→中间涂层喷涂→面漆喷涂。底漆喷涂是为了保证中间涂层具有足够的附着力。中间涂层喷涂是喷涂工艺流程的核心,是确保功能涂层高质量的关键。面漆喷涂的目的是保证涂层美观。

8.1 喷涂准备

喷涂准备是指喷涂前的预处理,具体依次包括划线、保护、除漆、打磨、阿洛丁保护和表面状态检查。

(1)划线

按照图纸的规定,对曲管需喷涂涂料的区域用标线标出。标线应在设计的涂料喷涂区域边缘向外多标出约 2 cm 的宽度。

（2）**保护**

采用中性牛皮纸和胶带，沿标线对不需要喷涂涂料的区域进行保护。曲管内的部件连接处、对接间隙处和铆接处，须使用铝箔胶带（或者铅胶带）保护，以防止脱漆剂浸透，使用的胶带应至少超出被保护区域 1 cm，并使用胶带卷或者塑料片等工具，用力抹平并压实胶带，使胶带边缘碾平贴实。

（3）**除漆**

采用脱漆剂和打磨除尽旧漆。采用脱漆剂时，用刷子将脱漆剂涂覆到需要喷涂涂料的区域的旧漆上，保持约 30 min，待旧漆松动或者剥离后，先用棉纱清除脱漆剂和漆屑，再用 40~50 ℃ 的热水擦拭脱漆区域，最后用丙酮将脱漆区域擦拭干净。

（4）**打磨**

揭开铝箔胶带（或者铅胶带），用砂纸将被保护区域的旧漆打磨掉，再用丙酮将残余物擦拭干净。用砂纸对曲管表面涂层打磨时，应尽量减小打磨到基体金属。

（5）**阿洛丁保护**

先用绸带或者棉纱蘸上洗涤汽油对涂覆区域粗擦拭，再用绸带或棉纱蘸上丙酮仔细擦拭，直到用白色中性滤纸或棉布检查无污迹为止。清洗过的表面在涂阿洛丁之前，应避免受到污染，且间隔时间不应超过 30 min。

（6）**表面状态检查**

喷涂涂料区域表面的清洁度须符合白色中性滤纸检查无污迹要求，即用洁净的滤纸（或者棉布）往复擦拭 4~6 次，目视无墨迹和明显黏附物。

8.2　底漆喷涂

在曲管定位标定、喷枪轨迹生成和喷涂准备完成之后，就可喷涂涂料。通过定位确定喷涂机器人与曲管的合适相对位置，通过标定适当消除曲管的理论模型和实际结构的差异。根据定位和标定数据,结合作业规划的基本原则与参数要求(包括重叠宽度、交错距离、喷涂距离、喷扫速率等),生成喷枪喷涂曲管轨迹及相应关节的控制参数。

底漆喷涂前,首先检查气源压缩空气。喷涂车间的气源须除油、除水和除尘后,符合油漆喷涂用压缩空气质量要求。压缩空气压力不低于 0.65 MPa,供气量不小于 1 200 L/min。

为保证喷涂均匀性,曲管的凹形内表面需采用较小喷幅喷涂,喷枪的涂料喷出流量应较小。喷嘴直径越大,涂料喷出流量越大。压送式喷枪的涂料压力越大,涂料喷出流量越大。涂料黏度越低,涂料喷出流量越大。因此,应选用较小的涂料喷嘴直径。压送式小型喷枪的涂料喷嘴直径一般为 1.1 mm 以下。T-AGHV 型喷枪的喷嘴直径有 0.7 mm、1.1 mm 和 1.6 mm 3 种。涂料固体分含量高,可能堵塞喷嘴,因此采用喷嘴直径为1.1 mm的喷枪。

底漆喷涂工艺参数为:喷涂距离 16.0 cm,常规区域喷扫速率 12.5 cm/s,涂料黏度 17 s,喷枪开枪压力 0.42 MPa,喷涂雾化压力 0.28 MPa,喷幅压力 0.28 MPa,涂料泵驱动压力 0.64 MPa,涂料调压器压力 0.20 MPa,重叠宽度 7.0 cm。底漆喷涂 1 遍,然后采用硝基漆 X-1 稀释剂或底漆稀释剂清洗涂料雾化系统。底漆涂层在室温下干燥 24 h。此期间应避免阳光照晒、淋雨、着水及灰尘污染,随后即可喷涂中间涂层涂料。

8.3　中间涂层喷涂

喷涂中间喷层包括喷涂、清洗、干燥、检验和修补等过程。

(1)喷涂

根据喷枪特性,在喷幅压力为 0.28 MPa 和雾化压力 0.28 MPa 条件下,选择涂料调压器压力为 0.25 MPa,喷枪开枪压力为 0.42 MPa,喷枪喷涂涂料流量为 0.17 L/min,搅拌器驱动压力为 0.30 MPa,喷枪的喷雾图形调节为椭圆形。采用混合后黏度为 14.5 s 的中间涂层涂料进行单遍喷涂实验,选择喷涂距离 16 cm 和常规区域喷扫速率 12.5 cm/s 进行喷涂实验。此时,涂料雾化良好,喷雾图形为椭圆形,雾化颗粒细,涂层无缺陷,涂层平均厚度约为 33 μm,未出现流挂、橘皮等缺陷。交错喷涂选择搭接距离为 7.1 cm,交错距离为 6 cm。因此,最后选择这组基本喷涂参数作为工艺参数。

涂料为多组分涂料,混合后很快开始逐渐凝固,因此必须混合后马上喷涂,在涂料开始逐渐凝固前完成喷涂作业,以保证顺利喷涂和涂层质量。涂料喷涂过程如图 8.1 所示。

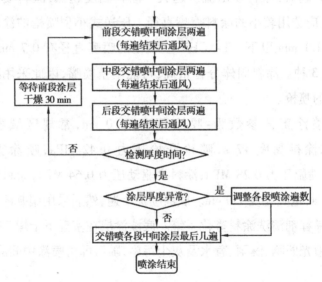

图 8.1　中间涂层喷涂过程

喷涂时,首先交错喷涂曲管前段两遍:喷枪推进到曲管前段前端,按规划的运动轨迹,先喷涂曲管前段 1 遍,接着马上通风清除漆雾,然后喷枪又推进到曲管前段前端,再交错喷涂曲管前段 1 遍,又马上通风清除漆雾。

接着交错喷涂曲管中段两遍:喷枪后退到曲管中段前端,按规划的运动轨迹,先喷涂曲管中段 1 遍,接着马上通风清除漆雾,然后喷枪推进到曲管中段前端,再交错喷涂曲管中段 1 遍,又马上通风清除漆雾。

然后交错喷涂曲管后段两遍:喷枪后退到曲管后段前端,按规划的运动轨迹,先喷涂曲管后段 1 遍,接着马上通风清除漆雾,然后喷枪又运动到曲管后段前端,再交错喷涂曲管后段 1 遍,又马上通风清除漆雾。

接着重复喷涂曲管的前段、中段和后段。待前段干燥 30 min 后,重复上述过程交错喷涂各段。每次喷涂需干燥 30 min 后才能继续喷涂。

由于实际管道较长,涂料的固体分含量高且密度大,每遍喷涂完成后若不通风,喷涂时产生的大量漆雾无法及时从曲管排出和扩散,会大量附着在曲管管壁上,形成小漆雾颗粒。多遍喷涂后这些小漆雾颗粒中的一部分会成为凝聚核而变成更大的颗粒,严重影响喷涂表面质量。因此,每遍喷涂完成后立即用放于曲管和喷涂机器人之间的风扇通风,减少附着在曲管管壁上的漆雾颗粒。如图 8.2 所示为每遍喷涂完后通风的喷涂效果。

图 8.2　中间涂层

（2）清洗

中间涂层涂料混合后开始逐渐凝固,喷涂完成后必须立即清洗。清洗包括喷枪、喷涂管路系统及涂料桶的清洗。硝基漆 X-1 稀释剂可溶解涂料,比涂料稀释剂更环保且价格更低,因此,清洗液采用硝基漆 X-1 稀释剂。

涂料系统的清洗是利用稀释剂的溶解作用和冲击作用完成。较强的流体冲击力将加快清洗速度和提高清洗效果。涂料管路内要产生较大的冲击力,可利用水击原理实现。采用涂料泵吸入涂料和空气的变比例气液混合物,从泵流出被压缩的变速气液混合物来实现。

首先卸下喷枪空气帽浸入干净的硝基漆 X-1 稀释剂中,用牙刷（或其他软刷）洗刷干净,然后用干净的清洗液冲洗一遍。这一步和其他步骤可并行展开。

为使涂料系统调压器后端的压力更高,加快清洗速度和提高清洗效果,将涂料调压器的设定压力调为 0.5 MPa。

用涂料泵将涂料雾化系统内的涂料大部分打空,将涂料桶内涂料倒入回收容器。

装入涂料桶约 3 L 清洗液(填充满涂料管路系统需清洗液约 2.5 L),使泵吸入涂料和空气的混合物在涂料系统内循环。利用吸入的气液混合物在涂料系统内流动时产生的较大压力波动和冲击对管路清洗约 10 min。然后利用涂料泵将整个系统内的清洗液大部分打空,将涂料桶内清洗液倒入回收容器。用约 2 L 清洗液将整个系统清扫一遍,回流的清洗液倒入回收容器,并将涂料桶清洗干净。

重复上面的步骤 4 次左右,每次清洗约 6 min,直到回流到涂料桶的清洗液较为清澈为止。

装入约 7.5 L 的清洗液在涂料系统内循环。在此期间打开喷枪清洗不少于 3 次,每次打开喷枪约 1 min,然后打开喷枪的雾化和喷幅开关吹枪约 30 s。

最后用牙刷和棉布清洗干净喷枪喷嘴后,把干净的空气帽装回喷枪,将涂料调压器的设定压力调回原值。

清洗后的涂料管如图 8.3 所示。管内非常干净,表明清洗效果非常理想。

图 8.3　清洗后的涂料管

（3）干燥、检验与修补

每个喷涂区域连续交错喷涂两遍后,在温度为 15~40 ℃条件下自然干燥 30 min。全部喷涂完成后在 15~40 ℃条件下自然干燥,干燥期间不得压碰涂层。喷涂实验表明这样干燥涂层附着力满足要求,未出现开裂、鼓泡等缺陷。

涂层质量要求包括外观质量要求、涂层边缘质量要求和涂层厚度要求。涂覆涂料后,涂层外观应平整均匀,无裂纹、脱落等,不应有凹坑、鼓泡、粗颗粒与流挂等缺陷。中间涂层厚度的生产质量检验检测采用电子测厚仪,如图 8.4 所示。涂层测厚仪的测量范围为 0~1.5 mm,测量最小曲率半径为 30 cm。涂层出现机械损伤、表面缺陷、涂层过厚或者过薄等缺陷,应采取相应措施修补。

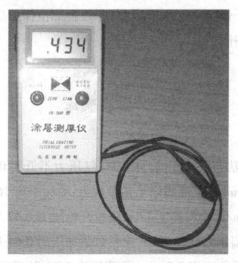

图 8.4　涂料涂层测厚仪

为避免因边缘损伤引起涂层脱落,待涂层干燥固化后,需使用砂纸对涂层边缘 2~3 cm 的区域内打磨修正,使涂层边缘过渡平滑。

涂层干燥后测定厚度,如果涂层过厚,待涂层固化后,再打磨到规定厚度。如果涂层过薄,可根据区域面积直接采用机器人或手工补喷到规定厚度。

对损伤或者缺陷区域可打磨,然后补涂涂料,如损伤至基体铝合金,应对铝合金表面轻微打磨,然后对打磨面涂阿洛丁,再对损伤区域修补,在涂层固化后允许对修补处适当打磨,以使涂层表面平整。如涂层存在凹坑、鼓泡、粗颗粒或流挂等缺陷,需使用砂纸轻轻打磨涂层表面,直至涂层外观平整。涂覆涂料后,应按涂层边缘修理要求对涂层边缘打磨修正,使其过渡平滑。

若检测不合格且无法简单修补,须返工。首先用铝箔胶带或铅胶带保护非去除部位、缝隙及铆钉等区域。然后用刷子将脱漆剂均匀涂在涂层表面,使涂层完全处于浸润状态,待5~10 min后,用刮刀类工具刮去粗糙表面溶胀部分。重复上述方法直至整个涂层脱落,用水清洗干净,再用丙酮洗干净。去除部位周围被脱漆剂浸润的部分用砂纸打磨并均匀过渡,同时打磨去除部分露出的基体材料。用汽油和丙酮将打磨过待修补部位擦拭干净,干燥10~20 min后,对非修补部位保护后,即可机器人喷涂或手工喷涂修补。

8.4　面漆喷涂

面漆喷涂方法与底漆相同。压缩空气压力不低于0.65 MPa,供气量不小于1 200 L/min。面漆喷涂工艺参数为:喷涂距离16.0 cm,常规区域喷扫速率12.5 cm/s,涂料黏度17 s,喷枪开枪压力0.42 MPa,喷涂雾化压力0.28 MPa,喷幅压力0.28 MPa,涂料泵驱动压力0.64 MPa,涂料调压器压力0.20 MPa,重叠宽度7.0 cm。面漆喷涂1遍,然后采用面漆稀释剂清洗涂料雾化系统。面漆涂层在室温下干燥24 h。此期间应避免阳光照晒、淋雨、着水及灰尘污染。

8.5 实　验

8.5.1　方法与过程

样件喷涂工艺实验的喷涂对象曲管如图 8.5 所示。采用喷涂典型区域的方法进行实验。实验喷涂区在结构上包括了顶面、侧面、底面等所有典型喷涂区域。

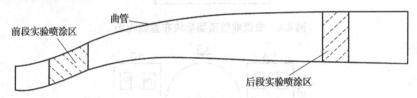

前段实验喷涂区　曲管　后段实验喷涂区

图 8.5　曲管的测试喷涂区域

实验使用的曲管内壁凹凸不平,非常粗糙,无法直接用测厚仪准确测量内壁上的中间涂层厚度。为了确保曲管能用于多次实验和准确测量,首先采用在曲管上贴一层保护膜,然后在选定的实验喷涂区均匀贴上表面光洁并经氧化处理的标块(9 cm×6 cm×0.05 cm),喷涂完成后测量标块上 5 个典型点的涂层厚度。标块上测量点分布如图 8.6 所示。含数字的小圆表示标块上的 5 个测量点。

标块布置如图 8.6—图 8.9 所示。图 8.7 为曲管前段底面俯视示意图,图 8.8 为曲管前段顶面俯视示意图,图 8.9 为曲管后段图。

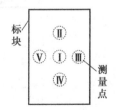

标块　测量点

图 8.6　标块上测量点序号图

实验车间温度为 28 ℃,湿度为 60%。中间涂层喷涂过程如图 8.10 所示。

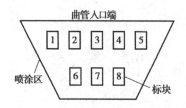

图 8.7　曲管前段底面标块布置俯视图

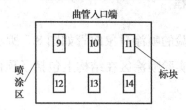

图 8.8　曲管前段顶面标块布置俯视图

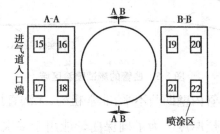

图 8.9　曲管后段标块布置图

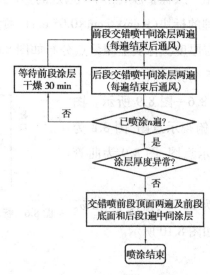

图 8.10　中间涂层喷涂过程

在计算机程序自动控制下,机器人机械臂夹持喷枪从曲管后段进入,前伸至前段涂料实验喷涂区前端,连续交错喷涂该区两遍,每遍喷涂完成后立即给曲管通风;随后机械臂夹持喷枪后退到后段涂料实验喷涂区前端,连续交错喷涂该区两遍,每遍喷涂完成后立即给曲管通风。这是机器人曲管涂装作业的第一次喷涂循环。

待前段干燥 30 min 后,机器人重复上述喷涂作业过程,直到达到喷涂遍数。

在 20~28 ℃条件下自然干燥后,检查喷涂区域涂层外观质量和测量标块涂层厚度。

8.5.2　结果与分析

喷涂涂料后的标块如图 8.11 所示。标块涂层厚度测量数据如图8.12所示,横坐标表示各段的测量点序号。其中,涂层厚度采用无量纲表示,即实际测量厚度与目标厚度的比值。

曲管各段的涂层厚度均匀性分析见表 8.1。所有标块涂层测量点的无量纲厚度为 0.80~1.16,全部满足生产质量检验指标的要求。实验中的无量纲厚度为测量点厚度实测值与涂层厚度设计指标的比值。这证实了曲管涂料机器人喷涂工艺的有效性和适用性,也进一步证实了优化组合喷涂基本参数方法和交错喷涂作业工艺理论方法的正确性。

图 8.11　喷涂中间涂层涂料的标块

171

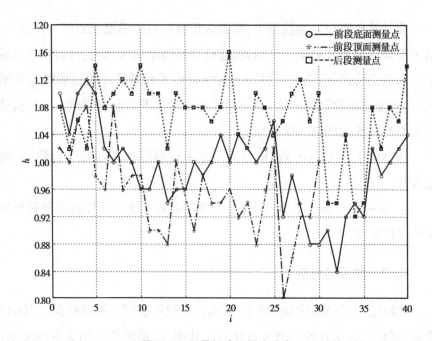

图 8.12　无量纲涂层厚度分布

表 8.1　曲管涂层厚度均匀性分析

位置	无量纲最小厚度	无量纲最大厚度	无量纲平均厚度	最大正相对偏差/%	最大负相对偏差/%	平均相对偏差/%	符合检验指标比例/%
前段底面	0.84	1.12	1.00	13	15	5	100
前段顶面	0.80	1.08	0.96	13	16	5	100
后段	0.92	1.16	1.06	9	14	4	100

　　从图 8.12 可知,曲管前段顶面的涂层平均厚度比底面低,而前段底面的涂层平均厚度又比后段低。计算表明,前段顶面涂料涂层平均厚度为 0.96,前段底面为 1.00,后段为 1.06。其原因是前段顶面为凸面,前段底面大部分区域为平面,后段区域全为凹面,而凹面比平面的涂着效率稍高,平面比凸面的涂着效率稍高。正是这个原因,曲管前段顶面比底面和后段多喷涂 1 遍,以保证整个喷涂面涂层均匀性。

　　由于实际喷枪轨迹与规划喷枪轨迹之间存在差异,机械结构误差和控制误差必然导致喷枪轨迹偏差。此外,实际喷涂时由于喷枪喷出涂料和压缩空气的影响,实际喷枪轨迹的位置准确度和姿态准确度还会变差,喷枪速率的波动会变大,造成搭接与交错实际值与设计参数之间的差异。同时,抛物线模型无实际轮廓顶部的小凹坑,造成实际喷涂模型与拟合模型之间存在差异。因此,曲管前段底面的平均相对偏差为 5%,前段顶面的平均相对偏差为 5%,后段的平均相对偏差 4%,都高于理论平均相对偏差(约 2%)。

　　曲管前段底面两端标块 1 和标块 5 正好在 U 形截面的两侧,V 形结构造成此处的涂料涂着效率偏高,标块 1 和标块 5 的平均厚度分别为1.10 和 1.02,比底面同一截面中间的标块涂层平均厚度稍厚。采用了提高 V 形截面的圆弧段喷扫速率的办法,使其涂层厚度减小,以保证整个喷涂面涂层均匀性。

　　喷涂后段时,喷涂臂的伸缩臂伸出长度低于喷涂前段,机器人的刚度在喷涂后段比喷涂前段好,前段喷枪轨迹准确度比后段差。虽然按照同样的重叠宽度和交错距离喷涂,但造成前段比后段的搭接和交错实际值同设计参数之间的差异更大,导致后段的涂层均匀性高于前段,使曲管前段底面和前段顶面的平均相对偏差均高于后段。

　　由于前段作业规划时采用底部满足搭接与交错设计参数,而顶部由于与底部不平行,实际搭接和交错参数同设计参数稍有差异。因此,曲管前段底面比顶面的涂层均匀性稍好。

参考文献

[1] Chen Y, Chen K, Chen W, et al. Motion planning of redundant manipulators for painting uniform thick coating in irregular duct[J]. Journal of Robotics,2016,Article ID 4153757.

[2] 王国磊,吴丹,陈恳. 航空制造机器人现状与发展趋势[J]. 航空制造技术,2015(10):26-30.

[3] 王丰超,王立平,梁新成,等. 智能化喷涂机器人研究进展[C]// 中国航空学会·第六届中国航空学会青年科技论坛论文集. 沈阳:航空工业出版社,2014:675-679.

[4] Seegmiller N, Franks R, Bailiff J. Precision robotic coating application and thickness control optimization for F-35 final finishes[J]. SAE International Journal of Aerospace,2009,2(1):284-290.

[5] Klein A. CAD-based off-line programming of painting robots[J]. Robotica,1987,5(4):267-271.

[6] Suh S H, Woo I K, Noh S K. Development of an automatic trajectory planning system (ATPS) for spray painting robots[C]// Proceedings of IEEE International Conference on Robotics and Automation. Piscataway, NJ,USA,IEEE,1991:1948-1955.

[7] Antonio J K. Optimal trajectory planning for spray coating [C]// Proceedings of IEEE International Conference on Robotics and Automation. Piscataway, NJ, USA, IEEE, 1994:2570-2577.

[8] Ramabhadran R, Antonio J K. Fast solution techniques for a class of optimal trajectory planning problems with applications to automated spray coating [J]. IEEE Transactions on Robotics and Automation, 1997, 13(4):519-530.

[9] Antonio J K, Ramabhadran R, Ling T L. Framework for optimal trajectory planning for automated spray coating [J]. International Journal of Robotics and Automation, 1997, 12(4):124-134.

[10] Persoons W, Van Brussel H. CAD-based robotic coating of highly curved surfaces [C]// Proceedings of the 24th International Symposium on Industrial Robots. Tokyo, Japan, JIRA, 1993:611-618.

[11] Freund E, Rokossa D, Rossmann J. Process-oriented approach to an efficient off-line programming of industrial robots [C]// Proceedings of the 24th Annual Conference of the IEEE Industrial Electronics Society. Piscataway, NJ, USA, IEEE, 1998:208-213.

[12] Balkan T, Arikan M A S. Surface and process modeling and off-line programming for robotic spray painting of curved surfaces [C]// Proceedings of 5th ASME Design Automation Conference. ASME, 1999: 455-466.

[13] Balkan T, Arikan M A S. Modeling of paint flow rate flux for circular paint sprays by using experimental paint thickness distribution [J]. Mechanics Research Communications, 1999, 26(5):609-617.

[14] Arikan M A S, Balkan T. Process modeling, simulation, and paint thickness measurement for robotic spray painting [J]. Journal of Robotic Systems, 2000, 17(9):479-494.

[15] Conner D C, Greenfield A, Atkar P N, et al. Paint deposition modeling for trajectory planning on automotive surfaces [J]. IEEE Transactions on

Automation Science and Engineering,2005,2(4):381-391.

[16] Atkar P N, Greenfield A, Conner D C, et al. Uniform coverage of automotive surface patches [J]. International Journal of Robotics Research,2005,24(11):883-898.

[17] Sheng W H, Xi N, Song M, et al. Automated CAD-guided robot path planning for spray painting of compound surfaces[C]// Proceedings of IEEE International Conference on Intelligent Robots and Systems. Piscataway,NJ,USA:IEEE,2000:1918-1923.

[18] Chen H P,Sheng W H,Xi N,et al. Automated robot trajectory planning for spray painting of free-form surfaces in automotive manufacturing [C]// Proceedings of IEEE International Conference on Robotics and Automation. Piscataway,NJ,USA:IEEE,2002:450-455.

[19] Chen H P. A general framework for automated CAD-guided optimal tool planning in surface manufacturing [D]. Michigan: Michigan State University,2003.

[20] Chen H P,Xi N. Automated tool trajectory planning of industrial robots for painting composite surfaces[J]. International Journal of Advanced Manufacturing Technology,2008,35(7):680-696.

[21] Chen H P, Fuhlbrigge T, Li X. A review of CAD-based robot path planning for spray painting [J]. Industrial Robot: An International Journal, 2009,36(1):45-50.

[22] 缪东晶,陈恳,王国磊,等. 自由曲面均匀喷涂的机器人轨迹规划方法[J]. 清华大学学报:自然科学版,2013,53(10):1418-1423.

[23] 缪东晶,陈恳,吴聊,等. 飞机表面自动喷涂机器人系统与喷涂作业规划[J]. 吉林大学学报:工学版,2013,43(6):1-5.

[24] 王朝阵,陈恳,吴聊,等. 面向飞机表面喷涂的多层次控制程序结构[J]. 航空学报,2013,34(4):928-935.

[25] Xia W, Yu S, Liao X. Paint deposition pattern modeling and estimation for robotic air spray painting on free-form surface using the curvature

circle method[J]. Industrial Robot, 2010, 37(2): 202-213.

[26] 陈伟,赵德安,李发忠. 复杂曲面的喷涂机器人喷枪轨迹优化与试验 [J]. 农业机械学报,2011,42(1):204-208.

[27] 曾勇,龚俊,杨东亚,等. 圆锥面组合曲面的喷涂机器人喷枪轨迹优化[J]. 西南交通大学学报,2012,47(1):97-103.

[28] 李喆,刘樾,程爽,等. 曲面零件自动喷涂中的膜厚控制与仿真分析[J]. 航空精密制造技术,2013,49(6):13-16.

[29] 王康. 涂层厚度控制及机器人喷枪轨迹规划模拟[D]. 武汉:华中科技大学,2009.

[30] 张永贵. 喷漆机器人若干关键技术研究[D]. 西安:西安理工大学,2008.

[31] 丰孝伟,王石刚,吴继峰. 面向自由曲面喷涂机器人的漆膜厚度工艺探讨[J]. 机械设计:增刊,2010(27):211-213.

[32] 王战中,杨晓博,刘超颖. 基于 MATLAB 的喷涂轨迹重叠率优化[J]. 机械设计与制造,2012(2):87-89.

[33] 陈雁,陈恳,颜华,等. 机器人匀速喷涂涂层均匀性分析[J]. 清华大学学报,2010,50(8):1210-1213.

[34] Chen Y, Chen W, Chen K, et al. The influence of spraying angle on robotic trajectory planning [C]// Proceedings of 3rd International Conference on Computer-Aided Design, Manufacturing, Modeling and Simulation. Chongqing, China, 2013:225-228.

[35] Chen Y, He S, Zhang G, et al. Numerical simulation of air spray using the Eulerian multiphase model [C]// Proceedings of 2016 4th Conference on Machinery, Materials and Computing Technology. Hangzhou, China, 2016:1229-1232.

[36] Chen Y, Chen W, Chen K, et al. Development of robotic spraying system in narrow space[J]. Applied Mechanics and Materials, 2014(442): 221-224.

[37] 陈雁,何少炜,张钢,等. 空气喷涂平面成膜的双流体模型模拟. 后

勤工程学院学报,2015,31(6):88-92.

[38] 刘亚威. 机器人喷涂在 F-35 的应用[J]. 航空科学技术,2011(5): 15-18.

[39] 屈力刚,李见,苏东东. 飞机进气道喷涂离线编程技术研究[J]. 机床与液压,2014,42(13):19-22.

[40] 陈雁,陈恳,邵君奕,等. 喷涂机器人自动轨迹规划研究进展与展望 [J]. 机械设计与制造,2010(2):1-4.

[41] 冯华山,秦现生,王润孝. 航空航天制造领域工业机器人发展趋势 [J]. 航空制造技术,2013(19):32-37.

[42] 冯川,孙增圻. 机器人喷涂过程中的喷炬建模及仿真研究[J]. 机器人,2003,25(4):353-358.

[43] 张永贵,黄玉美,高峰,等. 喷漆机器人空气喷枪的新模型[J]. 机械工程学报,2006,42(11):226-233.

[44] 王国磊,陈恳,陈雁,等. 变参数情况下的空气喷枪涂层厚度分布建模[J]. 吉林大学学报:工学版,2012,42(1):188-192.

[45] Chen Y, Chen W, Chen K, et al. Research on coating uniformity of unidirectional interleaving painting[J]. Advanced Materials Research, 2013:753-755.

[46] Chen Y, Chen W, Chen K, et al. Mechanism configuration of super-redundant robot[C]// Proceedings of 3rd International Conference on Machinery, Materials Science and Engineering Applications. Wuhan, Hubei, China:Trans Tech Publications Ltd,2013:68-73.

[47] Chen Y, Chen W, Chen K, et al. Trajectory generation for inner V-shaped surface[J]. Applied Mechanics and Materials,2013:380-384.

[48] 潘玉龙,陈恳,陈雁,等. 管道喷涂机器人喷枪运动速度优化[J]. 清华大学学报,2014,54(2):212-216.

[49] Systems and Materials Research Corporation. Robotic coating thickness measurement system [EB/OL]. [2010-01-16]. https://www.fbo. gov/index? &s=opportunity&mode=form&id=cbccb7c5c25116be0ceb

b4ddd92b30d7&tab=documents&tabmode=form&tabid=63e998f4f73b
9a33aa2524b777539256&subtab=core&subtabmode=list.

［50］ Garbero，Vanni M，Baldi G. CFD modelling of a spray deposition process of paint［J］. Macromolecular Symposia，2002，187（1）：719-729.

［51］ Ye Q，Domnick J，A Scheibe. Simulation of the spray coating process using a pneumatic atomizer［C］// ILASS-Europe 2002. Zaragoza：2002.

［52］ Fogliati M，Fontana D，Garbero M，et al. CFD simulation of paint deposition in an air spray process［J］. JCT Research. 2006，3（2）：117-125.

［53］ 刘国雄. 空气雾化涂料喷枪喷涂流场仿真及特性研究［D］. 杭州：浙江大学机械工程学系，2012.

［54］ Ye Q，Scheibe A. Unsteady numerical simulation of electrostatic spray-painting processes with moving atomizer［C］// The 13th International Coating Science and Technology Symposium. Denver，Colorado1：2006.

［55］ Domnick J；Scheibe A，Ye Q. Unsteady simulation of the painting process with high speed rotary bells［C］// 11th International Annual Conference on Liquid Atomization and Spray Systems. Vail，Colorado，USA：2009.

［56］ Toljic N，Castle G S Peter，Adamiak K，et al. A 3-D numerical model of the electrostatic coating process for moving targets［C］// Proceedings of 13th International Conference on Electrostatics，Bangor，United kingdom：Institute of Physics Publishing，2011.

［57］ Toljic N，Adamiak K，Castle G S Peter，et al. 3D numerical model of the electrostatic coating process with moving objects using a moving mesh［J］. Journal of Electrostatics，2012（70）：499-504.

［58］ Toljic N，Adamiak K，Castle G S P，et al. A full 3D numerical model of the industrial electrostatic coating process for moving targets［J］. Journal of Electrostatics，2013（71）：299-304.

［59］ 隋洪涛，李鹏飞，马世虎，等. 精通 CFD 动网格工程仿真与算例实战

179

[M]. 北京：人民邮电出版社，2013.

[60] Roh S, Choi H R. Differential-drive in-pipe robot for moving inside urban gas pipelines[J]. IEEE Transactions on Robotics, 2005, 21(1): 1-17.

[61] Wang Z L, Gu H. A bristle-based pipeline robot for III-constraint pipes [J]. IEEE/ASME Transactions on Mechatronics, 2008, 13(3): 383-392.

[62] Okamoto J J, Adamowski J C, Tsuzuki M S G, et al. Autonomous system for oil pipelines inspection[J]. Mechatronics, 1999, 9(7): 731-743.

[63] 宋章军. 通风管道轮式清污机器人运动学模型与控制研究[D]. 北京：清华大学，2007.

[64] Roman H T, Pellegrion B. Pipe crawling inspection robots: an overview [J]. IEEE Transactions on Energy Conversion, 1993, 8(3): 576-583.

[65] Liu K, Glenn R, Lawley T J, et al. Stewart-platform-based inlet duct painting system[C]// Proceeding of IEEE International Conference on Robotics and Automation. Atlanta, USA: IEEE, 1993: 106-113.

[66] Neubauer W. A spider-like robot that climbs Vertically in ducts or pipes [C]// Proceedings of IEEE/RSJ International Conference on Intelligent Robots and Systems. Munich, Germany: IEEE/RSJ, 1994: 1178-1185.

[67] Lim J, Park H, Moon S, et al. Pneumatic robot based on inchworm motion for small diameter pipe inspection[C]// Proceedings of 2007 IEEE International Conference on Robotics and Biomimetics. Sanya, China: IEEE, 2007: 330-335.

[68] Iwashina S, Hayashi I, Iwatsuki N, et al. Development of in-pipe operation micro robots[C]// Proceedings of the International Symposium on Micromechatronics and Human Science. Nagoya, Japan: IEEE, 1994: 41-45.

[69] Ryew S M, Baik S H, Ryu S W, et al. Inpipe inspection robot system

with active steering mechanism [C]// Proceedings of IEEE International Conference on Intelligent Robots and Systems. Takamatsu, Japan: IEEE,2000:1652-1657.

[70] 杨永志,张大卫,吴军. 喷漆机械手优化设计及其计算扭矩控制[J]. 机床与液压,2003,31(3):52-54.

[71] Chen Y, Shao J, Chen K, et al. Redundant-robot-baseed painting system for Variable cross-section S-shape pipe[C]// Proceedings of ASME/IFToMM International Conference on Reconfigurable Mechanisms and Robots. London: IEEE,2009:743-748.

[72] Chen W, Chen Y, Chen K, et al. Design of redundant robot painting system for long nonregular duct[J]. Industrial Robot: An International Journal, 2016,43(1):58-64.

[73] Evangelidis V A. Lockheed Martin F-35 Joint Strike Fighter [EB/OL]. [2010-01-16]. http://evangelidis. gr/embry/F35LO-ShortReport-HTML.htm.

[74] 林青,沙春鹏,张波,等. 飞机进气道自动喷涂设备研制[J]. 制造业自动化,2013,35(1):92-93.

[75] Whitney D E. The mathematics of coordinated control of prosthetic arms and manipulators [J]. Journal of Dynamic Systems Measurement and Control-Transactions of The ASME. 1972(122):306-309.

[76] Whitney D E. Resolved motion rate control of manipulators and human prostheses [J]. IEEE Transactions on Man-Machine Systems. 1969 (10):47-53.

[77] Charles A Klein and Koh-Boon Kee. The nature of drift in pseudoinverse control of kinematically redundant manipulators[J]. IEEE Transactions on Robotics and Automation. 1989,5(2):231-234.

[78] Duarte F B M, Machado J A T. Motion chaos in the pseudoinverse control of redundant robots [C]// Proceedings. 6th International Workshop on Advanced Motion Control. Nagoya, Japan: IEEE, 2000:

624-629.

[79] Liegeois A. Automatic supervisory control of configuration and behavior of multibody mechanisms[J]. IEEE Transactions on Systems, Man, and Cybernetics. 1977,7(12):868-871.

[80] Baillieul J. Kinematic programming alternatives for redundant manipulators[C]// IEEE International Conference on Robotics and Automation. IEEE,1985:722-728.

[81] Baillieul J. Avoiding obstacles and resolving kinematic redundancy [C]// Proceedings of IEEE International Conference on Robotics and Automation. IEEE,1986:1689-1704.

[82] Cheng F T, Chen T H, Sun Y Y. Efficient algorithm for resolving manipulator redundancy—the compact QP method[C]// Proceedings of IEEE International Conference on Robotics and Automation. Nice: IEEE,1992:508-513.

[83] Cheng F T, Chen T H, Wang Y S, et al. Obstacle avoidance for redundant manipulators using the compact QP method[C]// Proceedings of IEEE International Conference on Robotics and Automation. Atlanta, GA:IEEE,1993:262-269.

[84] Seereeram S,Wen J T. A global approach to path planning for redundant manipulators[C]// Proceedings of IEEE International Conference on Robotics and Automation. IEEE,1993:283-288.

[85] Agrawal O P,Xu Y. On the global optimum path planning for redundant space manipulators [J]. IEEE Transactions on Systems, Man and Cybernetics. 1994,24(9):1306-1316.

[86] Conkur, Erdinc Sahin. Path planning using potential fields for highly redundant manipulators[J]. Robotics and Autonomous Systems. 2005, 52(2-3):209-228.

[87] Haghshenas Jaryani M. An effective manipulator trajectory planning with obstacles using Virtual potential field method[C]// Proceedings of

IEEE International Conference on Systems, Man, and Cybernetics. Montreal, Que: IEEE, 2007: 1573-1578.

[88] Barraquand J, Latombe J C. Robot motion planning: a distributed representation approach [J]. International Journal of Robotics Research, 1991(10): 628-649.

[89] Hanafusa H, Yoshikawa T, Nakamura Y. Analysis and control of articulated robot arms with redundancy [M]. Oxford: Pergamon Press, 1982.

[90] Gilbert E G, Johnson D W, Keerthi S S. A fast procedure for computing the distance between complex objects in three-dimensional space [J]. IEEE Journal of Robotics and Automation. 1988, 4(2): 193-202.

[91] Cameron S A, Culley R K. Determining the minimum translational distance between two convex polyhedral [C]// Proceedings of IEEE International Conference on Robotics and Automation. 1986: 591-596.

[92] Mayorga R V, Ma K S, Wong A K C, et al. A fast approach for the path planning of telerobotic manipulators [C]// Proceedings of IEEE International Conference on Robotics and Automation. Atlanta, GA: IEEE, 1993: 289-294.

[93] Choi S I, Kim B K. Obstacle Avoidance for redundant manipulators using directional-collidability/temporal-collidability measure [J]. Journal of Intelligent & Robotic Systems, 2000, 28(3): 213-229.

[94] Leon Zlajpah, Bojan Nemec. Kinematic control algorithms for on-line obstacle avoidance for redundant manipulators [C]// Proceedings of IEEE International Conference on Intelligent Robots and Systems. Lausanne, Switzerland: IEEE, 2002: 1898-1903.

[95] Minami M, Takahara M. Avoidance manipulability for redundant manipulators [C]// Proceedings of IEEE/ASME International Conference on Advanced Intelligent Mechatronics. IEEE, 2003: 314-319.

[96] Tanaka H, Minami M, Mae Y. Trajectory tracking of redundant

manipulators based on avoidance manipulability shape index［C］// Proceedings of IEEE/RSJ International Conference on Intelligent Robots and Systems. IEEE,2005:4083 - 4088.

［97］ Ikeda K,Tanaka H,Zhang T,et al. On-line optimization of avoidance ability for redundant manipulator［C］// Proceedings of IEEE/RSJ International Conference on Intelligent Robots and Systems. Beijing, China:IEEE,2006:592-597.

［98］ Boudec B L, Saad M, Nerguizian V. Modeling and adaptive control of redundant robots［J］. Mathematics and Computers in Simulation, 2006, 71(4-6):395-403.

［99］ Maciejewski A, Klein C. Obstacle Avoidance for kinematically redundant manipulators in dynamically Varying environments［J］. The International Journal of Robotics Research, 1985,4(3):109-117.

［100］ Duguleana M,Barbuceanu F G,Teirelbar A,et al. Obstacle avoidance of redundant manipulators using neural networks based reinforcement learning［J］. Robotics and Computer-Integrated Manufacturing,2012,28 (2):132-146.

［101］ 邵君奕,陈恳,陈雁,等. 用于空间内曲面喷涂的冗余度机器人轨迹规划方法[J]. 清华大学学报:工学版,2014,54(6):799-804.

［102］ 邵君奕,陈恳,张传清,等. 考虑振动抑制的多冗余度特种操作机器人轨迹优化方法[J]. 机械工程学报,2012,48(1):13-18.

［103］ 曾卓雄. 稠密两相流动湍流模型及其应用[M]. 北京:机械工业出版社,2012.

［104］ 李春渠. 涂装工艺学[M]. 北京:北京理工大学出版社,1993.

［105］ 刘秀生,肖鑫. 涂装技术与应用[M]. 北京:机械工业出版社,2007.

［106］ Tucker L R. Transfer efficiency of coatings during spray application ［C］// Corrosion-national Association of Corrosion Engineers Annual Conference. Houston,USA:NACE International,1997.

［107］ Schneberger G L. Understanding paint and painting processes［M］.

184

Fourth Edition. Carol Stream:Hitchcock Publishing,1989.

[108] Plesniak M W, Sojka P E,Singh A K. Transfer efficiency for airless painting systems[J]. Journal of Coatings Technology Research,2004,1(2):137-145.

[109] Charron A. Spray finishing[M]. Newtown:The Taunton Press,1996.

[110] Bunnell M H. HVLP:Types, advantages, disadvantages, ROI[J]. Technical Paper-Society of Manufacturing Engineers,FC,1993:1-11.

[111] Joseph R. Spraying latex paint with HVLP[J]. Metal Finishing,2006,104(10):42-44.

[112] 梁治齐,熊楚才. 涂料喷涂工艺与技术[M]. 北京:化学工业出版社,2006.

[113] Satas D,Tracton A A. Coatings technology handbook[M].2nd edition. New York:Marcel Dekker,2001.

[114] 叶扬祥,潘肇基. 涂装技术实用手册[M]. 北京:机械工业出版社,2005.

[115] 王锡春,姜英涛. 涂装技术[M]. 北京:化学工业出版社,1996.

[116] 杜广生. 工程流体力学[M]. 北京:中国电力出版社,2004.

[117] 张明. 浅谈机器人喷涂的膜厚控制[J]. 现代涂料与涂装,2006,9(6):31-32.

[118] Kout A, Müller H. Parameter optimization for spray coating[J]. Advances in Engineering Software,2009,40(10):1078-1086.

[119] 廖振方,邓晓刚,李军. 涡腔式自激振荡射流喷洒装置[J]. 重庆大学学报:自然科学版,2002,25(12):1-3.

[120] Mavroidis C,Dubowsky S,Drouet P, et al. A systematic error analysis of robotic manipulators:application to a high performance medical robot[C]// Proceedings of the 1997 International Conference in Robotics and Automation. Albuquerque,USA:IEEE,1997:980-985.

[121] 李金海. 误差理论与测量不确定度评定[M].北京:中国计量出版社,2003.

[122] 朱兴元,吴幼明.量纲分析法在缓冲气囊动态特性研究中的应用[J].华南理工大学学报:自然科学版,2000,28(5):82-85.

[123] 谈庆明.量纲分析[M].合肥:中国科学技术大学出版社,2005.

[124] 魏作安,许江举,万玲.应用量纲分析法建立抗滑桩间距的计算模型[J].岩土力学,2006(27):1129-1132.

[125] 王宜举,修乃华.非线性最优化理论与方法[M].北京:科学出版社,2012.

[126] Chapra S C,Canale R P.工程数值方法[M].于艳华,傅效群,赵红宇,等,译.北京:清华大学出版社,2010.

[127] 唐家鹏.FLUENT 14.0 超级学习手册[M].北京:人民邮电出版社,2013.

[128] 史春涛,周颖,张宝如,等.喷雾模型的发展及其在内燃机 CFD 中的应用[J].拖拉机与农用运输车,2006,33(2):39-42.

[129] 陈洁,时鹏,文磊,等.基于两相流 EWF 模型的样品表面相变行为及液膜变化的 CFD 预测[J].工程科学学报,2015,37(6):721-730.

[130] 王长安.密相液固两相三维湍流流动的研究及其在泵叶轮内流场就算与数值分析中的应用[D].西安:西安交通大学,1996.

[131] O'Rourke P J,Amsden A A. A spray/wall interaction sub-model for the KIVA-3 wall film Model[C]// SAE 2000 World Congress,2000.

[132] Hicks P G,Senser D W,Kwok K C,et al. Drop Transfer efficiency in air paint sprays [C]// Engineering Society of Detroit Advanced Coatings Technology Conference. Dearborn,Michigan,1991:9-11.

[133] Ye Q. Using dynamic mesh models to simulate electrostatic spray-painting[C]// Proceedings of 8th Workshop on High Performance Computing in Science and Engineering. Stuttgart,Germany:Springer-Verlag Berlin,2006:173-183.